帽衫大变身

30 分钟打造儿童趣味服装

[美] 玛丽 · 拉希◎著
夏露◎译

中国纺织出版社

帽衫大变身
30 分钟打造儿童
趣味服装
演出服 节日装
派对必备 日常潮衫

原文书名：PLAYFUL HOODIES
原作者名：Mary Rasch

Originally published in 2006 in the U.S. by Sterling Publishing Co., Inc. under the title
PLAYFUL HOODIES: 25 REINVENTED SWEATSHIRTS FOR DRESS UP, FOR COSTUMES & FOR FUN
This edition has been published by arrangement with Sterling Publishing Co., Inc., 1166 Avenue of the Americas, 17th floor, New York, NY 10036-2715.
本书中文简体版经 Sterling Publishing Co., Inc. 授权，由中国纺织出版社独家出版发行。

著作权合同登记号：图字：01-2015-3898

图书在版编目（CIP）数据

帽衫大变身：30分钟打造儿童趣味服装 /（美）拉希著；夏露译. -- 北京：中国纺织出版社，2016.5
ISBN 978-7-5180-2423-0

Ⅰ.①帽… Ⅱ.①拉… ②夏… Ⅲ.①童服—服装裁缝 Ⅳ.①TS941.716.1

中国版本图书馆 CIP 数据核字（2016）第 048546 号

责任编辑：阮慧宁　　责任印制：储志伟
装帧设计：培捷文化

中国纺织出版社出版发行
地址：北京市朝阳区百子湾东里 A407 号楼　邮政编码：100124
销售电话：010—67004422　传真：010—87155801
http: //www.c-textilep.com
E-mail: faxing@c-textilep.com
官方微博 http://weibo.com/2119887771
北京华联印刷有限公司印刷　各地新华书店经销
2016 年 5 月第 1 版第 1 次印刷
开本：889 × 1194　1/16　印张：8
字数：120 千字　定价：45.00 元

目录

简介

我的好朋友即将迎接她第一个宝宝的出生，我要为她的宝宝准备一份很特别的礼物。某天，我突发奇想：可以做一件可爱的卡通衣！当然，这个卡通造型一定是我朋友非常喜欢的。说干就干！我在缝纫机前边做边想，没多久，一件帽衫改造而成的独角兽卡通衣诞生了！后来，我参加了一场小型的手工爱好者聚会，当我向大家展示这件仅仅用普通帽衫和绒布做成的卡通衣时，整个房间里充满了大家“哇”的惊叹声。就在那个瞬间，抑制不住兴奋的我决心要编写这本《帽衫大变身》。

我做的第一件独角兽卡通衣在本书的第100页，广受欢迎的小红帽在第94页。很多小朋友都喜欢扮演各种卡通人物，如公主、王子、小青蛙、兔子、小狗甚至是狐狸，这些可爱的造型都可以在本书中找到，你需要准备的仅仅是一件普通的旧帽衫、一些简单的工具以及绒布。现在就拿起针和线，为你的孩子送上最特别的爱吧！

和我的前一本书《我的朋友绒布帽》（*Fleece Hat Friends*）一样，本书中列明的制作步骤通俗易懂，即使是新手也能很快掌握。此外，我想说的是：舒适度永远是第一位。设想一位整天都要穿着公主服的公主，如果一直被王冠紧紧地箍住头部，那该多么难受啊！

我在编写这本书的过程中享受到了无穷的乐趣，希望你在使用它的时候也能有同感。从这一刻开始，尽情享受DIY给你带来的快乐吧！拿起相机记录下孩子穿上它们时的精彩瞬间！

让我们从这里开始吧

本书手把手教你制作25款人见人爱的卡通服，制作的过程充满乐趣，穿着又极其舒适。这些五彩缤纷的卡通服可以用来玩“角色扮演”类的游戏，也可以作“潮童”的日常服饰。现在是时候把闲置下来的老气无趣的帽衫改头换面啦!

帽衫的历史

帽衫有很多优点：保暖、舒适、耐磨。同时，口袋和连身帽的设计还能为我们的双手和头部提供额外的保护。和牛仔裤一样，帽衫已成为经久不衰的主流时尚款式，完全超越了当初以实用为主的设计初衷。

第一件帽衫诞生于20世纪30年代，最初的受众群体是需要在寒冷天气下持续工作的人，包括足球运动员、长跑选手、冷库工人和伐木工等。对这些人来说，加长设计的内衣裤虽然保暖，但会影响动作的灵活性，所以一家以设计体育用品为主的公司推出了这种加厚带帽的针织衫，兼顾了保暖性和灵活性。这就是帽衫的前身。

需要准备哪种款式的帽衫

帽衫基本上可以分为两类：拉链门襟型和套头型。本书的大部分款式两者通用，有一些款式会对帽衫的类型有要求，我都写在每款开头的“提示”里，大家根据内容选择适合的帽衫就好。

某些商家会把帽衫作为秋冬季商品，仅在这两个季节售卖。我建议你在秋天的时候就囤一些各种颜色的帽衫备用。如果在实体店没有找到指定颜色的帽衫，又或者你在夏天无法购买到厚厚的帽衫，那么你可以在网上商店试着找一找。

是否需要准备一条配套的长裤，我在“提示”里也有说明。有时候，要找一条完全配套的长裤不那么容易，所以我建议你可以购买一整套帽衫套装。

本书采用的帽衫均为棉、涤纶混纺面料制成，这类面料透气性佳、易清洁、便于缝合。在准备帽衫的时候，你完全可以跳出我的思维模式，采用不同的颜色和款式来体现你的十足创意。

帽衫的结构图

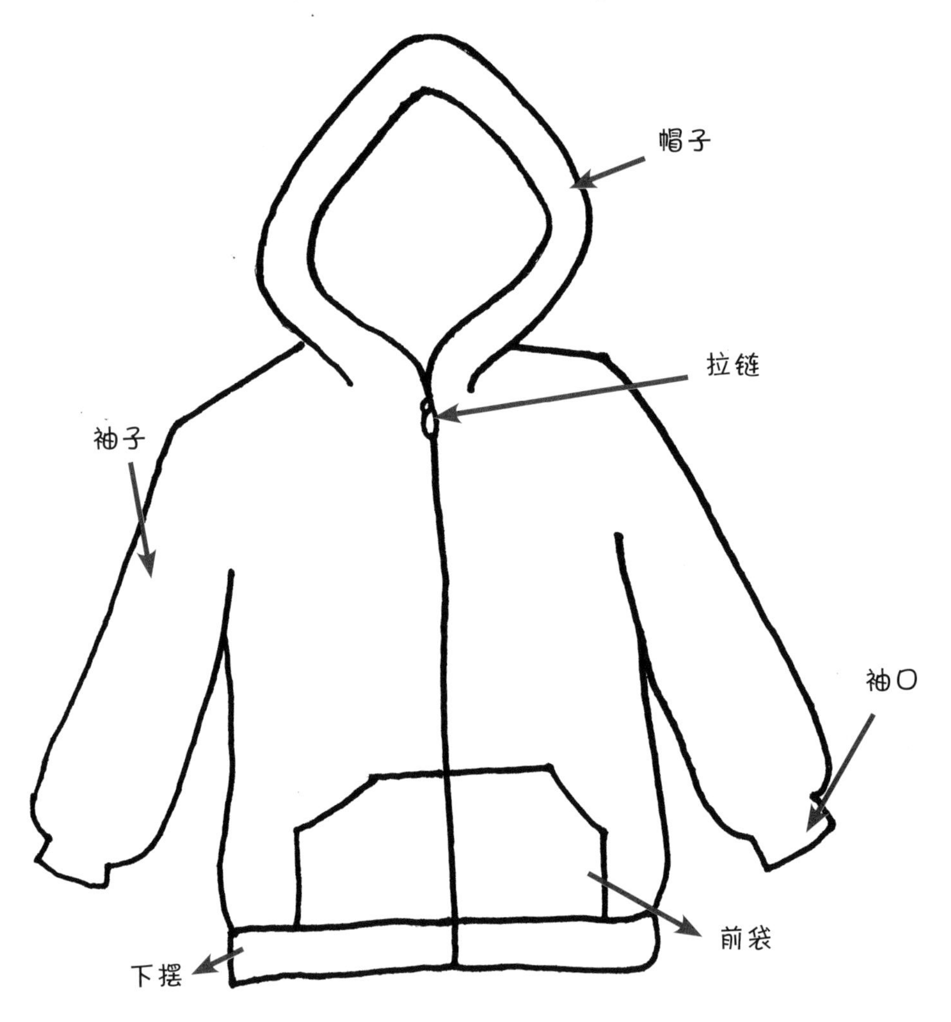

尺码

本书中所有帽衫改造的尺码包括了从2T至XL。你没看错，你可以给任何年龄的孩子制作卡通服！

要注意的是，右侧表格中提供的尺码对照仅供参考。你还是得为孩子购买最适合他们身材的帽衫，同时在书中注明的地方对纸样做出适当调整。

孩子年龄	对应尺码
18~24 个月	2T
2~3 岁	3T
3~4 岁	4T/XS
4~6 岁	S
6~8 岁	M
8~10 岁	L
10 岁以上	XL

洗涤指南

改造帽衫之前，先将帽衫用洗衣机清洗一次，以避免缩水。同时，机洗还可以洗去衣服在工厂制作过程中添加的一些胶质成分。

帽衫改造之后，建议用手洗这件衣服。这是因为衣服上的装饰物和手缝处比较多，用机洗的方法会将它们洗坏。假如一定要机洗的话，需使用洗衣袋，并且将洗衣机调成“轻柔”模式，会在一定程度上减少洗涤过程对衣服的磨损。但是，如果你改造的衣服是小矮人（第17页）或者巫师（第20页），请务必手洗。

其他材料

绒布

绒布是一种非常容易处理的面料，所以我在本书中大量使用了这种耐磨、舒适、容易打理的面料来制作表面装饰。我真是太爱它了，我爱它的十足弹性，我爱它的丰富色彩，我爱它的轻柔保暖。更妙的是，它的绒面可以使缝合的针脚“隐形”！

通常来说，绒布分为两种：普通绒布和摇粒绒（也叫抗起球绒布）。这两种绒布都可以用，当然摇粒绒更佳。

和大部分面料一样，绒布也有正反面之分。要区分摇粒绒的正反面非常容易，一般来说，绒感比

较强的那一面是正面，较为光滑的那一面是反面。但仅凭肉眼区分普通绒布的正反面相对较难，这里教大家一个简单的方法：将绒布横向拉伸之后再松开，绒布侧边会慢慢卷起，卷起的那一面是反面。分清正反面之后，可以用粉笔在绒布的反面做上标记。

前面已经提到过，绒布色彩十分丰富。如果你没法买到本书中所需颜色的绒布，请大胆地选择其他颜色来替代，将帽衫改造变得更加个性化。

注意：本书中用到的绒布幅宽大约为147~152cm。准备1块91.4cm（美制长度单位：1码）的绒布，指的是1块91.4cm×（147~152）cm的绒布。

缝衣线

请使用优质的缝衣线，推荐100%聚酯纤维成分的线。此外，虽然绒布的毛绒表面会使针脚“隐形”，但我还是建议你准备一些和绒布颜色相近的缝衣线，或者用白色缝衣线也没问题。

填充棉

填充棉可以使帽衫上的装饰物更加生动。制作诸如大黄蜂的针、怪兽的角以及青蛙的眼睛等都需要用到它。

从经济角度考虑，你可以用100%聚酯纤维成分的填充棉。从环保角度考虑，你可以使用100%可回收材料制作的填充棉。效果都是一样的。

珍珠棉

用于制作鲨鱼（第74页）的鱼翅，能使其保持形状的同时又不会显得太过膨胀。

钩针发带/松紧带

这类发带通常用于打扮新生儿。在本书的仙女（第24页）和公主（第59页）服饰中，我们用它来做蓬蓬裙的腰带。这是一个非常棒的创意！网纱可以很轻松地穿过钩针花样形成的孔洞中。

胶水

本书中所使用的胶水必须是非水溶性的。常用的非水溶性的胶水有强力胶（502胶等）和热熔胶（需配合热熔胶枪使用）。使用强力胶时动作要小心，注意不要让胶水将手指粘起来。热熔胶使用过程中会发烫，一定不要烫到自己。

彩色毛条

也叫扭扭棒。它们可以扭成任何形状，用来给卡通衣上的装饰物定型。由于不会外露，所以不必刻意挑选颜色。

白色人造毛

用于制作小矮人（第17页）和巫师 （第20页）的毛发。这类人造毛通常是呈片状的，每片大约23cm×33cm。修剪的过程中不可避免地会掉落碎毛，清理它们是一件挺麻烦的事情，但当作品完成之时，你会发现之前的辛苦都是值得的！

无纺衬布

一定要选择厚实硬挺的衬布，只有这样的衬布才可以使小矮人（第17页）和巫师 （第20页）的帽子更有型。

注意：市面上的衬布幅宽约为100cm。准备1块45.7cm（0.5码）的衬布，指的是45.7cm×100cm。

丝带和花边

丝带和花边种类繁多：褶纹的、薄纱的、透明硬纱的、缎面的、绸面的……你可以选择与书中相同材质的丝带和花边，也可以发挥自己的创意！

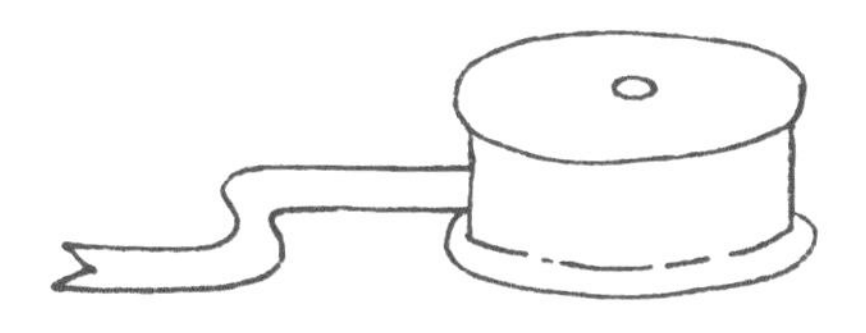

毡布

也叫无纺布。本书一共用到了三种毡布：普通毡布、加硬毡布和羊毛混纺布。这三种毡布从外观和规格上来说差别不大，但各有其特点。普通毡布和加硬毡布使用的原材料是相同的，通常是涤纶、人造丝、腈纶和黏纤混合物，区别在于后者在制作过程中添加了特殊物质，更硬挺。而羊毛混纺布是羊毛和人造丝混合制成，手感柔滑，相比前两者来说价格稍贵。

网纱卷

也叫美国纱。我建议大家购买卷状的网纱，因为制作蓬蓬裙（第34页）的工序比较繁琐，通常要剪好几百条网纱，使用卷状规格的网纱可以大大简化这道工序。

蓬蓬裙虽然美丽，但是不太好打理。通常穿过几次之后，你会发现裙摆上那一条条的网纱会慢慢纠缠，从而失去蓬松质感。别担心，我来教你一个日常护理的好方法：将蓬蓬裙在桌面或者地上摊平，用手轻轻地将裙上的网纱一条一条理顺、拉直，再将蓬蓬裙在通风处挂起，用喷瓶均匀地往网纱上喷清水，最后再一次用手轻轻将网纱理顺拉直，等待自然晾干即可。

如果你生活的地区气候特别干燥，频繁的静电现象会破坏蓬蓬裙的形状。我建议你一定要准备喷瓶，在静电比较严重的时候可以往裙子上喷些水，等待自然晾干，保持裙子的形状不受静电影响。

松紧带

准备一条2.5cm宽的松紧带用于制作本书中的裙子。

大孔网纱

用于制作大黄蜂的翅膀。和制作蓬蓬裙的网纱稍有不同，大孔网纱的网眼比较大，而且整体质感比较硬挺。

木棒

用于制作魔杖（第23、30页）。木棒的直径约为6mm。

纽扣、珠子、宝石

准备一些各式各样的纽扣来装饰卡通服。比如准备一些黑色的纽扣做眼睛，大小随你喜好。我建议使用那种扣眼位于背面的纽扣，不要用衬衫专用的四孔纽扣。

制作王冠（第63页）需要宝石的点缀。如果孩子喜欢亮闪闪的效果，请准备一颗闪闪发亮的大宝石！你也可以用大号的纽扣代替。

如果你想做姜饼人（第80页），需要准备一些红色纽扣，越大越好。

绒球

准备一些直径2.5cm和5cm的绒球，用来装饰触角等。

尼龙搭扣

在这里我要感谢George de Mestral先生，谢谢你给我带来这么好用的东西。如果没有你，我们的小黄鸭（第88页）不可能如此栩栩如生。如果你要制作鸭蹼（第90页），请选择宽度为1.9cm的搭扣。

假花花束

挑假花的时候，请尽量选一些花朵大小适中的假花，因为是给孩子做花环或者腰环，所以不建议选太大的花朵。假如是给小宝宝准备的，那就选择更小的花朵。

选好假花之后，第一件要做的事情就是测试一下它们的色牢度。将其中一朵假花在清水中浸泡1~2小时，观察杯中的水是否变色。如果假花掉色，会使帽衫上也染上颜色，对这样的假花只能弃之不用。

花艺胶带

请准备绿色的胶带，用来缠绑假花的茎部。缠好之后，用手指在胶带表面多摩擦一会儿，它能粘得更牢。

波浪花边

用于制作姜饼人（第80页）身上的“糖霜”，所以必须是白色的。

暗扣

制作小矮人（第17页）和巫师 （第20页）时，如果你准备的帽衫是开襟拉链开口的，那就需要准备一些暗扣，尺寸和材料不限。

风纪扣

用于制作小红帽（第94页）的斗篷。

黑色穿珠线

用于制作萌兔（第44页）的胡须。请准备直径0.38mm的穿珠线。

尼龙织带

用于制作小狗服（第35页）的项圈（见下图），平凡的材料造就不平凡的效果。

可能会用到的工具

缝纫机

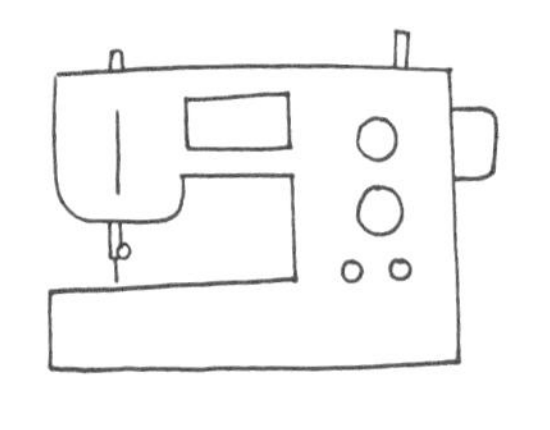

不管是老式的脚踩式缝纫机还是新式的电动缝纫机都可以使用。谨慎起见，开始之前先找一些零布来试一下机器能否正常使用。请注意：布料越厚，配套使用的缝纫衣针就要越粗。如果对针号不是很确定，可以找附近的裁缝店帮忙。

缝衣针

一般来说，准备几根普通粗细的缝衣针就可以了。但如果你要制作的是稻草人（第67页），务必选择比较粗的毛衣缝合针，便于穿过厚实的帽衫。

剪刀、圆盘剪、切割垫板

可以视自己的习惯来选择刀的种类。

基础缝纫套装

记号笔
带网格的切割垫板
大头针
圆盘剪
剪刀
缝纫机
缝衣针
卷尺
缝衣线

准备一块切割垫板配合圆盘剪使用，最好选择表面绘制有网格的品种，便于裁剪时保证切口的平直。一块好的垫板不仅可以保护桌面不受损，还可以延长圆盘剪的使用寿命。

大头针

最好选择一头有彩色珠子的珍珠大头针，方便在凌乱的工作台上准确地将它们找到，万一掉在地上了也可以轻易地捡起来。

蜡光纸、纸巾或者半透明的衬布

为了能重复使用本书所附的纸样，建议准备半透明的纸或者衬布将纸样描印下来。这三者当中，衬布最佳，因为它在描印的过程中不会滑动。

值得注意的是，本书所附的部分纸样是需要进行放大后使用的，你可以借助打印机或者扫描仪轻松完成缩放。

小号木工刀

用于切割魔杖（第23页、30页）。

打火机

在丝带的尾部轻微地用打火机烧一下，可以防止丝带脱线。使用的时候注意安全。

记号笔

记号笔种类繁多：水彩笔、粉笔、水溶性笔等。没有一种记号笔可以用于所有织物上，所以请根据你选择的织物来选择合适的记号笔。

钢丝剪

用来剪短花束的茎部，是常用的工具。

细质砂纸

砂纸根据表面砂粒的不同分为以下几种：粗粒、中粒、细粒、极细粒。本书需要的是细粒或者极细粒的砂纸，即150号和280号。

丙烯颜料和画笔

用于给魔杖（第23、30页）上色。这类颜料通常不容易掉色，比较适合在木头上进行绘画。画笔种类丰富，选择适合自己的就可以。

橡胶手套

可以保护你的双手不受伤。

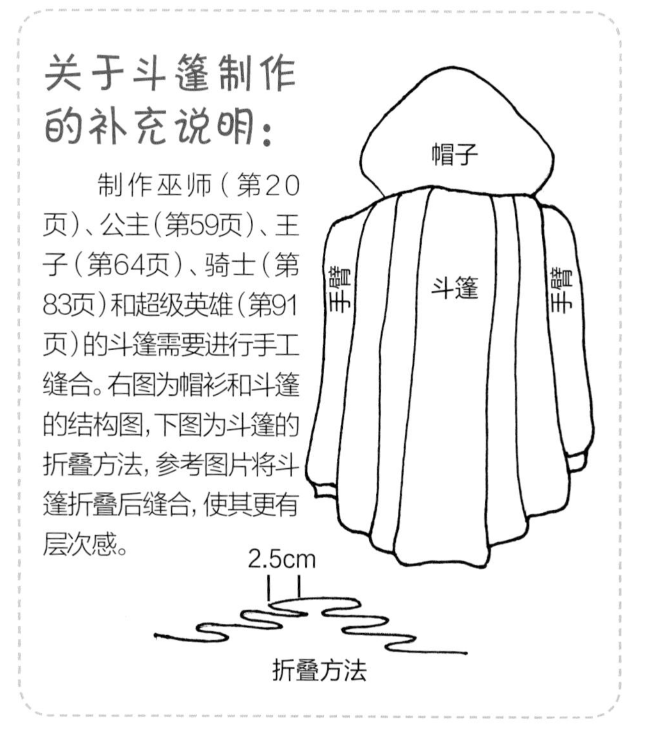

关于斗篷制作的补充说明：

制作巫师（第20页）、公主(第59页)、王子（第64页）、骑士（第83页)和超级英雄(第91页)的斗篷需要进行手工缝合。右图为帽衫和斗篷的结构图,下图为斗篷的折叠方法,参考图片将斗篷折叠后缝合,使其更有层次感。

缝份（留边）和针脚的说明：

除特殊说明外,本书中纸样所绘缝合部分的缝份(纸样虚线)均为6mm。不同宽度的缝份形成的效果是完全不同的,所以在使用缝纫机前,一定要确认已预留6mm的位置。

在纸样上,我标注了用缝纫机缝合和用缝衣针手工缝合的位置。正面的缝衣线(纸样实线)的缝份均为10mm。本书中大部分配件(耳朵、角、斑点、眼睛等)的针脚形状不限,我一般采用的是“梯子针法”,看上去更漂亮。

旋转吧！

咆哮吧！

听我的命令！

款式精选

每年的万圣节派对上孩子需要一件南瓜灯服去跟朋友们狂欢，学校的舞会上孩子需要一套公主装与王子共舞，甚至某天心血来潮的时候孩子会穿着超级英雄装去上学……本书中有你的孩子想要的一切！

现在开始，请拿起针线和绒布，翻开本书，跟孩子一起开始一段奇妙的创意之旅吧！

天灵灵，地灵灵！我变！

拯救地球！

小矮人

小矮人

材料和工具：

基础缝纫套装（第14页）
小矮人/巫师的纸样（第112页）
深绿色帽衫
3片白色人造毛（较大尺码可能需要4片），每片约23cm×30.5cm
2对暗扣（套头帽衫无需准备）
1块硬质衬布，长45.7cm（幅宽100cm）
1块红色毡布，91.4cm×91.4cm
胶水或热熔胶

提示：

帽衫分为拉链门襟和套头两种，选择哪一种都可以，后者在制作的时候会更加容易一些。还可以准备一条配套的裤子。

制作说明：

1 取1片人造毛反面朝上摊平放在桌上，如图1所示，将帽衫帽子的侧面覆盖在人造毛上，参考图1左上角的箭头部位，沿着帽子的弧线剪去人造毛多余的角，预留大约1.3cm宽的边。将帽檐和人造毛重叠的部分缝合，再将人造毛的上端边缘沿帽子中心线缝合，延伸至领窝处。重复以上步骤，完成帽子另一侧面的毛发装饰。如果衣服的尺码比较大，可能还需要多准备1片人造毛来覆盖整个帽子。

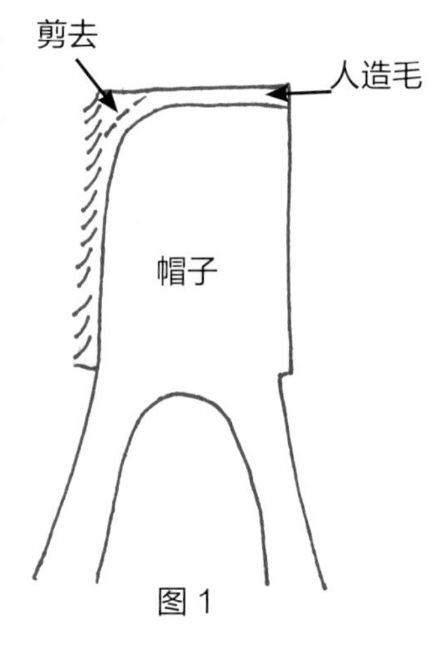

图 1

2 参考图2左图，取1片人造毛反面朝上放置，将其中1条短边的两角向中心折拢。参考图2右图，将两侧的折角再往中间对折一次，用缝衣针缝合固定。参考图2右图，在人造毛另一侧短边上剪去1个小三角形。这样就做好了“胡子”。

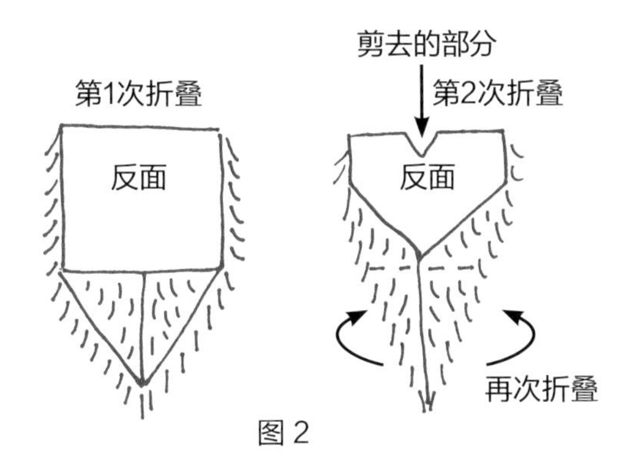

图 2

3 如果你准备的帽衫是套头的，用缝衣针直接将胡子上沿缝至与步骤1中的头发相接的部位。如果你准备的帽衫是拉链门襟的，请参考图3，先在胡子反面两侧直角处各缝1个暗扣，再将对应的暗扣分别缝至帽衫上头发下面的位置，当孩子穿脱帽衫时，可以取下胡子。

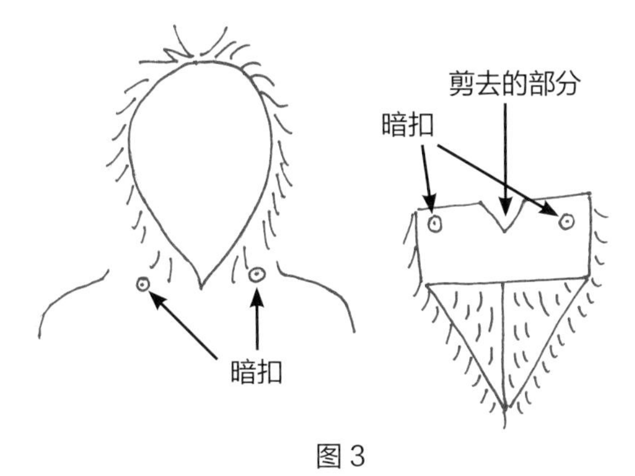

图 3

4 参照纸样，在硬质衬布上剪1片帽子，将帽子卷成圆锥状，用胶水或者热熔胶在其中一边上涂抹并粘合，等待胶水变干。

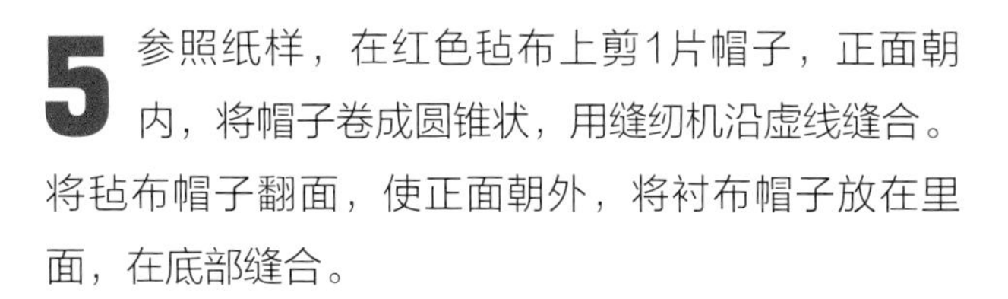

5 参照纸样，在红色毡布上剪1片帽子，正面朝内，将帽子卷成圆锥状，用缝纫机沿虚线缝合。将毡布帽子翻面，使正面朝外，将衬布帽子放在里面，在底部缝合。

6 用缝衣针将高筒帽固定至帽衫的帽子顶上，可以采用粗缝的方式绕高筒帽缝合一圈，或者仅在几个点的位置缝合。

巫师

材料和工具：

基础缝纫套装（第14页）
小矮人/巫师的纸样（第112页）
巫师的纸样（第123页）
胡子示意图（第18~19页）
关于斗篷制作的补充说明（第15页）
黑色帽衫
1块宝蓝色绒布，用量按尺码（幅宽147~152cm）：
　2~3T尺码，准备91.4cm
　4T/XS尺码，准备114.3cm
　S~M尺码，准备137cm
　L~XL尺码，准备160cm
1块金色绒布，长22.9cm（幅宽147~152cm）
3片白色人造毛（较大尺码可能需要4片），每片约23cm×30.5cm
2对暗扣（套头帽衫无需准备）
胶水
1块硬质衬布，长45.7cm（幅宽100cm）

提示：

帽衫分为拉链门襟和套头两种，选择哪一种都可以，后者在制作的时候会更加容易一些。还可以准备一条配套的长裤。

本款与小矮人（第 17 页）使用相同的胡须示意图。

制作说明：

1 取1片人造毛反面朝上摊平放在桌上，如第18页图1所示，将帽衫帽子的侧面覆盖在人造毛上，参考图1左上角的箭头部位，沿着帽子的弧线剪去人造毛多余的角，预留大约1.3cm宽的边。将帽檐和人造毛重叠的部分缝合，再将人造毛的上端边缘沿帽子中心线缝合，延伸至领窝处（第18页图1）。重复以上步骤，完成帽子另一侧面的毛发装饰。如果衣服的尺码比较大，可能还需要多准备1片人造毛来覆盖整个帽子。

2 参考第19页图2左图，取1片人造毛反面朝上放置，将其中1条短边的两角向中心折拢。参考图2右图，将两侧的折角再往内对折一次，用缝衣针缝合固定。参考图2右图，在人造毛另一侧短边上剪去1个小三角形。这样就做好了“胡子”。

3 如果你准备的帽衫是套头的，用缝衣针直接将胡子上沿缝至与第1步骤中的头发相接的部位。如果你准备的帽衫是拉链门襟的，请参考第19页图3，先在胡子反面两侧直角处各缝1个暗扣，再将对应的暗扣分别缝至帽衫上头发下面的位置，当孩子穿脱帽衫时，可以取下胡子。

4 参考下表，将宝蓝色绒布剪成相应的尺寸来制作斗篷。剩余的绒布用来制作帽子。

帽衫尺码	所需绒布
2T~3T	45.7cm × 45.7cm
4T/XS	68.6cm × 68.6cm
S~M	91.4cm × 91.4cm
L~XL	114.3cm × 114.3cm

5 斗篷是手工缝合的，所以先准备好缝衣针和缝衣线。将正方形绒布任意一条边的中心点对准帽衫后领窝中心点（帽子下方），用大头针粗略固定，接着参考第15页“关于斗篷制作的补充说明”将斗篷折叠，使其更富层次感。不必拘泥斗篷的缝合方法，只要出来的效果是两边对称，后面有一个长拖尾就可以。

6 参照纸样，在金色绒布上剪5片星星和3片月亮，让它们随意分布在斗篷上，先用胶水粘合，等胶水变干之后，再用缝纫机或者缝衣针沿边缘缝合加固。

7 参照纸样，在硬质衬布上剪1片帽子，将帽子卷成圆锥状，用胶水或者热熔胶在其中一边上涂抹并粘合，等待胶水变干。

8 参照纸样，在宝蓝色绒布上剪1片帽子，正面朝内，将帽子卷成圆锥状，用缝纫机沿虚线缝合。将绒布帽子翻面，使正面朝外，将衬布帽子放在里面，在底部缝合。

9 参照纸样，在金色绒布上剪3片星星，让它们随意分布在帽子上，先用胶水粘合，等胶水变干之后，再用缝纫机或者缝衣针沿边缘缝合加固。

注意：缝合的时候缝衣针无需穿透里面的衬布。

10 用缝衣针将高筒帽固定至帽衫的帽子顶上，可以采用粗缝的方式绕高筒帽缝合一圈，或者仅在几个点的位置缝合。

好像还缺了什么？翻开下一页，做一根配套的魔杖吧！

巫师魔杖

材料和工具：

基础缝纫套装（第14页）
魔杖的纸样（第115页）
细质或极细质砂纸
1根圆木棒，长45.5cm、直径6mm
黑色颜料
画笔
1块黄色硬质毡布，30.5cm×45.7cm
热熔胶枪和热熔胶

当我还在读幼儿园的时候，我曾经有过一根魔杖，记得当时整天都挥舞着它，幻想着“嘭”一声过后，阵阵轻烟会把姐姐变成一个大胖南瓜。我希望这根魔杖也能给你带来美好的魔幻时光！

制作说明：

1 用砂纸打磨木棒的表面，使之变得光滑，这样才能让孩子的小手在抓握魔杖的时候不会受伤。在木棒表面涂一层黑色颜料，晾干。

2 参照纸样，在黄色毡布上剪出2片五角星，因为毡布有正反面之分，所以描画纸样的时候要注意正反面都要描，各剪1片。将2片五角星反面相对，用缝纫机沿纸样上的虚线位置缝一圈，注意底部要预留6mm的开口。修剪一下线头。

3 在木棒的一端涂上热熔胶，小心地将木棒插入五角星底部开口处，稍稍粘紧，等待胶水变干。

仙女

材料和工具：

基础缝纫套装（第14页）
仙女的纸样（第111页）
浅绿色帽衫
1条浅绿色钩针发带，长180cm
带闪的白色网纱卷，1~2卷（网纱卷的详情见右侧补充说明）
浅粉色网纱卷，1~2卷
浅绿色网纱卷，1~2卷
1张大的硬质卡纸
4块白色硬质毡布，30.5cm×45.7cm
胶水
3朵假花，其中1朵稍大

网纱卷的补充说明：

市售的网纱卷长度约为 22.9m 1 卷，请根据仙女裙的实际尺码来决定购买的数量。

提示：

由于本款服装的装饰较多，所以最好购买套头设计的帽衫。建议搭配一条合适的紧身裤。

制作说明：

1 先让孩子试穿一下帽衫，用记号笔在下胸围往下2.5cm处画上标记（即高腰设计的腰部位置）。脱掉帽衫，将标记线以下的部分剪去。

2 将钩针发带在帽衫的高腰部位环绕一圈，可以借助大头针粗略固定位置，发带的两端在帽衫的后片中心处相连。用缝纫机将发带与帽衫缝合起来。

注意：发带的底边要比帽衫的下摆稍多出来一点，不要和帽衫下摆重叠，这样才能确保网纱可以轻易地从发带的孔洞中间穿过。

3 先确定裙子的长度，是到膝盖位置还是到小腿中间？或者长至脚踝？确定之后，让孩子再次试穿帽衫，测量好从腰部到膝盖、小腿肚或者脚踝的长度，并记录下来。

4 剪足够数量的网纱条。简便做法是准备一条硬质卡纸，宽度不限，长度与上一步骤所记录下来的裙长相等。将1卷网纱全部绕在卡纸上，然后用剪刀在任意一处将网纱全部剪断。这样处理过后，网纱的长度正好是所需长度的2倍。不用担心，后续的步骤会将网纱对折，所以这个长度刚好。按同样方法剪好三种不同颜色的网纱各一卷，先别急着剪第二卷，用完发现不够的话再剪。各年龄段使用的网纱数量可以参考第34页的表格。

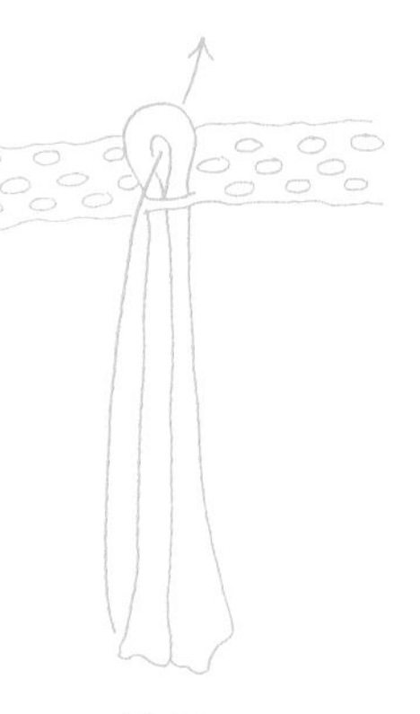
图示

5 先设计一下三种颜色网纱的排列顺序，按照设计依次将网纱条在桌上摊平，按顺序取用。先取一条网纱对折，将对折的部分从帽衫后腰中心的发带孔洞处从后往前穿入，再将另一端的网纱从对折形成的孔内穿出，轻轻拉紧（见上图），这样就固定好第一条网纱。依次将所有网纱都按相同的方法固定。

6 参照纸样，在白色硬质毡布上剪4片上半部的翅膀，因为毡布有正反面之分，所以描画纸样的时候要注意正反面都要描，各剪2片。将其中2片反面相对，用缝纫机沿内部的实线缝一圈。另外2片处理方法相同。

7 下半部翅膀的制作方法与上半部基本相同，不再赘述。

8 将2片下半部的翅膀用大头针粗略固定于帽衫两侧后腰偏上的位置，用缝衣针缝合至帽衫（在原先的针迹处缝合）。参照纸样上“×”的位置将其中一侧的上、下半部的翅膀重叠并进行缝合，重叠的部分大约为7.5cm。另一侧处理方法相同。如果翅膀还不够牢固，可以在需要的部位再缝几针。

9 用3朵假花装饰前面的腰带部分，大花在中间，小花位于两侧，用胶水固定。

再加上花环（第 29 页）和魔杖（第 30 页）就更完美了！

花环

材料和工具：

钢丝剪
假花花束
花艺胶带（绿色）
热熔胶枪和热熔胶
剪刀
1条浅粉色欧根纱丝带，1.6cm×240cm
1条白色欧根纱丝带，1.6cm×240cm
打火机

提示：

为了配合仙女装（第 24 页），建议使用和仙女腰部同样种类的鲜花。

制作说明：

1 用钢丝剪修剪掉花茎上多余的叶片。轻轻地弯折花茎，使其变得有弧度，注意不要压断。

2 取 2 枝花，同方向一前一后错开叠放，后面的花茎留开 5~7cm，任选2~3处用绿色胶带绑起固定。照此方法将剩余的花朵也重叠固定好，做成一个50~55cm的条形花束（长度根据孩子的头围自行缩放）。将长条花束首尾相连成环，用胶带固定。

注意：如果花朵排列得过密，可以按自己的喜好适当剪去一些花朵或叶片。

3 要使花环上的花朵更加牢固，可以先将花朵摘除，再用热熔胶将它们重新粘上。对于不够牢固的叶片也可以采用此法处理。

4 剪4段长度各不相同的丝带，2条粉色、2条白色，长度不限，本书采用的是50~81cm的长度。将4条丝带分别系在花环的后方，使其自然垂下。

5 丝带尾部用打火机略微烧一下，防止脱线。

仙女魔杖

材料和工具：

基础缝纫套装（第14页）
魔杖的纸样（第115页）
热熔胶枪和热熔胶
1根圆木棒，长45.5cm、直径6mm
1条浅粉色缎带，1.6cm×91.4cm
1条浅粉色欧根纱丝带，1.6cm×460cm（可选）
1条白色欧根纱丝带，1.6cm×460cm（可选）
打火机
1块白色硬质毡布，30.5cm×45.7cm

制作说明：

1 在木棒的一端涂上热熔胶，用缎带从这一端开始慢慢斜着卷，包裹住木棒，注意开头要留6mm长的缎带不卷，这一部分缎带用来盖住木棒的切面。卷的时候动作要慢，不要让木棒露出来。卷至木棒的另一端，用热熔胶将缎带固定在木棒的侧面。裸露的尾端在接下来的步骤中会被五角星遮盖，所以无需处理。

2 剪4段长度各不相同的丝带，2条粉色、2条白色，长度不限，将它们紧紧在系地木棒的尾部（有裸露切面的一端）。再用打火机略微烧一下丝带的末尾，防止脱线。丝带装饰是为了使整套公主行头更加完整，也可将其省略。

3 参照纸样，在白色毡布上剪2片五角星。因为毡布有正反面之分，所以描画纸样的时候要注意正反面都要描。将2片五角星反面相对，用缝纫机沿纸样上的虚线位置缝一圈，注意底部要预留6mm的开口。修剪一下线头。

4 在木棒裸露的一端涂上热熔胶，小心地将木棒插入五角星底部开口处，稍稍粘紧，等待胶水变干。

大黄蜂

大黄蜂

材料和工具：

基础缝纫套装（第14页）
大黄蜂的纸样（第107页）
黑色帽衫
1块黑色绒布，长11.4cm（幅宽147~152cm）
黄色网纱或者丝带若干（以下统一用网纱指代），
用量按尺码：
2T~4T/XS尺码，准备370cm
S~M尺码，准备430cm
L~XL尺码，准备490cm
2个大号的黑色绒球，直径约5cm

提示：

帽衫分为拉链门襟和套头两种，选择哪一种都可以。

制作说明：

1 用黄色网纱沿帽衫的腰线环绕一圈，用大头针粗略固定。在袖口部位做同样的处理。用缝纫机沿网纱的上边将其缝至帽衫上。

2 在腰部网纱往上几厘米的位置再缝一条网纱，方法相同，注意不要遮住侧边口袋的开口。袖口网纱往上间隔同样距离的地方也缝一条网纱。

3 在黑色绒布上剪2块7.6cm × 15.2cm的长方形做触角。从长方形的一侧短边开始往另一侧卷，卷的时候要紧一点，卷完之后在长边上缝合固定。将绒球缝在触角的一端，再将触角的另一端缝至帽衫的帽子上，与帽子中心线距离为2.5~5cm。另一个触角也做同样处理。

4 参照纸样，在黑色绒布上剪1片大黄蜂尾针。**注意：**请先将绒布对折，再将纸样上标明“此边与绒布对折边重叠”的那条边紧贴绒布的折边，这样处理的结果是剪下来的形状是纸样的2倍大。将尾针对折，使正面相对，沿虚线缝合。然后翻面，使正面朝外，往尾针里放填充棉，不必填得很实。用缝衣针将尾针缝至帽衫背面比较靠上的位置，避免坐下的时候压到尾针。

5 最后一步是做翅膀。分别抓住大孔网纱较长的两条边的中心点，将两个中心点捏合在一起，形成蝴蝶结形状，用线在中心处打结固定，并缝合至帽衫背面，稍做整理，使翅膀更舒展。

帽衫尺码	白色大孔网纱用量
2T~4T/XS	30.5cm × 50.8cm
S~M	38.1cm × 66cm
L~XL	50.8cm × 81.3cm

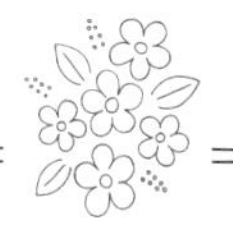

这是本书中最惟妙惟肖的造型！穿上它，让你的宝贝成为最勇敢的那只“大黄蜂”！

蓬蓬裙

材料和工具：

基础缝纫套装（第14页）

1条松紧带，宽2.5cm，长度视腰围而定

1大张硬卡纸

网纱卷若干，颜色不限（本书中的大黄蜂配套蓬蓬裙用的是黑、黄两色，瓢虫配套的蓬蓬裙用的是黑、红两色），总参考用量见下表。

提示：

市售的网纱卷长度约为 23m 一卷。确定网纱的用量是一件相当不容易的事情，因为它会受裙长和密度的影响。本款蓬蓬裙与大黄蜂和瓢虫造型配套，我的设计是及膝长度，并且网纱排列得相当密实，所以我制作的时候准备了大量的网纱卷。下表中的数据是及膝长度的参考用量，具体以自己的喜好和需求为准。

制作说明：

1 先测量孩子的腰围。测量的时候要求孩子站直，放松地呼吸，并且不要穿太厚的衣服。剪一段松紧带，长度是测得腰围数据再加5cm。

2 将松紧带两端重叠，重叠的部分为2.5cm，在这个区域内用针线缝合，可以采用十字交叉的缝合针法。

3 测量裙长，即孩子的腰至膝盖的距离。剪一块硬卡纸，宽度至少15cm，长度为裙长加上1.3cm。

4 将一卷网纱全部绕在卡纸上，然后用剪刀在任意一处将网纱全部剪断。这样处理过后，网纱的长度正好是所需长度的两倍。不用担心，后续的步骤会将网纱对折，所以这个长度刚好。用同样方法剪好全部网纱。

5 取一条网纱对折，置于松紧带下，参考右图的方式将网纱的尾部绕过松紧带，再从对折处的孔洞中穿出打结。注意结不要打得太紧，避免松紧带卷起变形。继续用相同颜色的网纱按以上方法处理，每处理好15条网纱换一次颜色。网纱全部用完之后，松紧带被很巧妙地隐藏起来，裙子的质感也比较密实。当然你也可以做一条单一颜色的蓬蓬裙。

网纱

松紧带

图示

年龄	腰围	及膝裙长	纱卷数量（单位：卷）
1~2岁	38.1~45.7cm	17.8~20.3cm	2~3
2~3岁	45.7~50.8cm	20.3~22.9cm	3~4
3~4岁	50.8~55.9cm	22.9~25.4cm	4~5
5~6岁	53.3~58.4cm	25.4~33cm	5~6
6~7岁	55.9~61cm	33~40.6cm	6~8
8~10岁	61~66cm	38.1~43.2cm	8~9
10~11岁	63.5~68.6cm	40.6~45.7cm	9~10
12岁	68.6~71.1cm	45.7~50.8cm	10~11

小狗

小狗

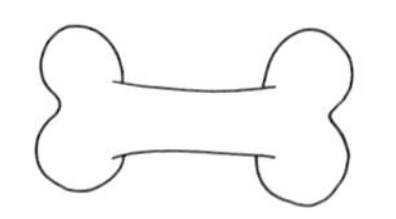

材料和工具：

基础缝纫套装（第14页）
小狗的纸样（第118页）
灰色帽衫
1块黑色绒布，长22.9cm（幅宽147~152cm）
1条红色尼龙织带，2.5cm×61cm
1块金色的硬质毡布，30.5cm×45.7cm
强力胶
2颗黑色纽扣

提示：

准备一件拉链门襟的帽衫，以便装饰狗牌。还可以准备一条配套的裤子。

制作说明：

1 参照纸样，在黑色绒布上剪4片耳朵，将其中2片正面相对，沿虚线缝合，直边黑点处留开口不缝。将耳朵翻面，使正面朝外，用缝纫机沿实线缝合。另2片耳朵的处理方法相同。

2 为了使耳朵看起来更加立体，将耳朵根部的左右两端分别向中间折一下，用缝衣针将折叠的部分缝合。再将两只耳朵缝合至帽子上，间隔5~7.5cm（参考左图的位置）。

3 用红色尼龙织带沿帽衫的领窝缝合线绕一圈作为项圈，注意两端分别要多留2.5cm向内（帽子的里面）弯折，先用大头针粗略固定一下，确认无误后，再用缝纫机顺着尼龙织带的中线缝合。

4 参照纸样，在金色毡布上剪2片狗牌，将它们反面相对，沿虚线仔细缝合。再将狗牌用强力胶粘在帽衫拉链头上。

5 参照纸样，在黑色绒布上剪一些斑点。按照自己的喜好将斑点用缝衣针仔细地缝到衣服甚至是裤子上。

6 参照纸样，在黑色绒布上剪1个鼻子，对折之后用缝衣针沿虚线缝合至帽子的最前端中心部分，此时帽子的正反两面各有半个圆。

7 用缝衣针将2颗黑色纽扣缝至鼻子上方作为眼睛。

8 参照纸样，在黑色绒布上剪2条尾巴，将它们反面相对，沿虚线缝合，直边黑点处留开口不缝。将尾巴翻面，使正面朝外，沿直边将其缝至帽衫的后腰处。

猫头鹰

材料和工具：

基础缝纫套装（第14页）
猫头鹰的纸样（第117页）
湖蓝色帽衫
1块黄色绒布，长45.7cm（幅宽147~152cm）
橘色、白色绒布少许
1块棕色绒布，长45.7cm（幅宽147~152cm）

提示：

帽衫分为拉链门襟和套头两种，选择哪一种都可以。还可以准备一条配套的裤子。

制作说明：

1 参照纸样，在黄色绒布上剪1片猫头鹰面部，参考照片的位置用缝衣针将它缝至帽子前端的边线上方。

2 参照纸样，在黄色绒布上剪2片嘴巴，将它们正面相对，沿虚线缝合，黑点处留开口不缝。将嘴巴翻面，使正面朝外，沿开口处缝至猫头鹰面部靠下方的位置，注意嘴尖要稍稍超出面部，与帽子的边线对齐。

3 参照纸样，在白色绒布上剪2片眼白，用缝衣针将它们缝至面部，眼白的下半部要覆盖一部分嘴巴（见下图）。

4 参照纸样，在棕色绒布上剪2片眼珠，用缝衣针将它们缝至眼白的中心位置。

5 参照纸样，在橘色绒布上剪2片耳朵，其中1片反面朝上，将三角形的底边两个角向中间折起。先用缝衣针在底边上缝合以固定折角，再将耳朵缝至面部斜上方。另一侧的耳朵处理方法相同。

6 参照纸样，在黄色和棕色绒布上剪出许多羽毛，羽毛的数量由帽衫的大小和个人的喜好决定。1件2T尺码的帽衫大概需要30片黄色羽毛和50片棕色羽毛。参考图片，从袖口部位开始，用缝衣针将羽毛依次缝至袖子上。如果羽毛片不够的话就继续剪一些，直至盖满袖子为止。

怪兽

怪兽

材料和工具：

基础缝纫套装（第14页）
怪兽的纸样（第116页）
湖蓝色帽衫
1块橘色绒布，长22.9cm（幅宽147~152cm）
1块深绿色绒布，长22.9cm（幅宽147~152cm）
1块白色绒布，长11.4cm（幅宽147~152cm）
填充棉
2颗黑色的珠子，直径为6mm或8mm

提示：

帽衫分为拉链门襟和套头两种，选择哪一种都可以。还可以准备一条配套的裤子。

制作说明：

1 在橘色绒布上剪2个16.5cm×20cm的长方形，在长方形较长的两条边上分别向内剪宽度为2.5cm的小长条，刀口垂直于较长的边，每一边各剪7刀，分别剪出8个小长条，注意不要剪断小长条，在长方形的中心要留出1.3cm宽的距离作为后续缝合之用（可以参考第119页萌兔的纸样，方法基本相同）。

2 在橘色绒布上剪4个16.5cm×17.5cm的长方形，参考步骤1的方法剪6刀，每边各剪出7个宽度为2.5cm的小长条，小长条的中心不要剪断，留出1.3cm作为后续缝合之用。

3 将步骤1的2个长方形重叠，将其中1条短边（即长度为16.5cm的边）与帽檐边缘重合，用缝纫机沿未剪断的1.3cm的边将长方形缝至帽子上，缝衣线与帽子的中心线重合。为了使怪兽的“头发”更有型，请随机抓取2条小长条，松松地打结，将所有的小长条都打结。采用和大长方形一样的方法，将4个小长方形也缝至帽子上，分别位于大长方形的上、下、左、右4个方向。

4 参考纸样，在深绿色绒布上剪4片角，因为绒布有正反面之分，所以描画纸样的时候要注意正反面都要描，各剪2片。将其中1对角正面相对，沿虚线缝合，直边黑点处留开口不缝。将角翻面，使正面朝外，放入填充棉，无需压得太实。用同样的方法做好另1个角。用缝衣针将2个角分别缝至帽子两侧头发以下的位置。

5 参考纸样，在白色绒布上剪2片眼睛，用缝衣针沿黑点粗缝一圈，抽紧缝衣线，使眼睛具有立体感。再往里放填充棉，拉线抽紧，将开口处缝合。将黑色纽扣作为眼珠，缝至眼睛中心，一定要缝紧实一些。处理完2个眼睛之后，将眼睛分别缝至帽檐位置。

6 参考纸样，在深绿色绒布上剪3片大圆点和5片小圆点，用缝衣针将它们分组缝至帽衫的前后片，位置和造型随意。

7 参考纸样，在深绿色绒布上剪4片爪子，取其中2片正面相对，沿虚线缝合，直边黑点处留开口不缝。将爪子翻面，使正面朝外，用缝纫机沿实线缝合。用同样的方法做好另1只爪子。将帽衫翻面，使反面朝外，将做好的爪子分别缝至袖口反面的缝衣线上，注意爪子应位于孩子手背的位置。

8 参考纸样，在白色绒布上剪2片牙齿，正面相对，沿虚线缝合，直边黑点处留开口不缝。将牙齿翻面，使正面朝外，用缝纫机沿实线缝合。将牙齿的直边伸进帽檐2.5cm缝合。

萌兔

材料和工具：

基础缝纫套装（第14页）
萌兔的纸样（第119页）
白色帽衫
1块白色绒布，长22.9cm（幅宽147~152cm）
1块粉红色绒布，长22.9cm（幅宽147~152cm）
填充棉
1条黑色的穿珠线，长91.4cm，直径0.38mm
2颗黑色的珠子，直径6mm或8mm

提示：

帽衫分为拉链门襟和套头两种，选择哪一种都可以。还可以准备一条配套的裤子。

制作说明：

1 参照纸样，在白色绒布上剪2片耳朵，因为绒布有正反面之分，所以描画纸样的时候要注意正反面都要描，各剪1片。在粉红色绒布上进行同样的操作。取白色和粉红色耳朵各1片，正面相对，沿虚线缝合，直边黑点处留开口不缝。将耳朵翻面，使正面朝外，再用缝纫机沿实线缝合。将2个耳朵缝至帽子顶部，中间间隔5~7.5cm。

2 参照纸样，在粉红色绒布上剪1片鼻子，用缝衣针沿黑点粗缝一圈，抽紧缝衣线，使鼻子具有立体感。再往鼻子里放填充棉，将开口处缝合。接着做出鼻孔，将缝衣针从鼻子纸样内部其中1个大黑点处穿出，再从黑点竖直往下的直线末尾穿入，抽紧缝衣线。用同样方法做出另一个鼻孔。将鼻子用缝衣针缝至帽檐中心，距离边缘2.5cm的位置。

3 剪3段长度为30cm的串珠线。将其中一条串珠线绕着兔鼻子底部打结，这样鼻子两侧就有了两条同样长度的“胡子”。另两条串珠线也作同样处理。可以按自己的喜好随意扭曲串珠线，使胡子造型更加生动。

4 用缝衣针在鼻子上方缝2颗黑色珠子做眼睛。

5 参照纸样，在白色绒布上剪1片尾巴，用剪刀或者圆盘剪沿纸样上的实线进行切割，注意中间留出1.3cm不要切断。从一侧短边开始将绒布卷起至另一侧，在中心缝合，将缝衣线在中心处绕3圈，缝衣针再次穿过中心缝合。将做好的绒球尾巴缝至帽衫背面，位置尽可能高一点，避免坐下的时候压到尾巴。

笨熊

笨熊

材料和工具：

基础缝纫套装（第14页）
笨熊的纸样（第106页）
深棕色帽衫
1块浅棕色绒布，长11.4cm（幅宽147~152cm）
1块黑色绒布，长11.4cm（幅宽147~152cm）
1块深棕色绒布，长11.4cm（幅宽147~152cm）
2颗黑色的纽扣

提示：

帽衫分为拉链门襟和套头两种，选择哪一种都可以。还可以准备一条配套的裤子。请选择袖子稍长的帽衫，便于制作可爱的熊掌。

制作说明：

1 参照纸样，在浅棕色绒布上剪2片口鼻部，正面相对，沿虚线缝合，黑点间隔处留开口不缝，翻面，使正面朝外。

2 将口鼻部缝合至帽子上，前面要超出帽檐4~5cm，一定要保证开口位于上方正中心。

3 参照纸样，在黑色绒布上剪2片鼻子，正面相对，沿虚线缝合，黑点间隔处留开口不缝，翻面，使正面朝外，缝合开口处。将鼻子缝合至口鼻部上方开口处，盖住开口。

4 参照纸样，在深棕色绒布上剪4片耳朵，因为绒布有正反面之分，所以描画纸样的时候要注意正反面都要描，各剪2片。取其中1对正面相对，沿虚线缝合，直边黑点处留开口不缝，翻面，使正面朝外。用同样的方法做好另1个耳朵。

5 为了使耳朵看起来更立体，将耳朵沿中心线对折，在底部（耳朵的直边）缝合。用大头针将耳朵在帽子顶端上粗略定位之后，用缝衣针缝合。

6 在鼻子上方缝2颗黑色纽扣做眼睛。

7 参照纸样，在深棕色绒布上剪2片尾巴，正面相对，沿虚线缝合，直边黑点处留开口不缝，翻面，将正面朝外。将开口处用缝衣针缝至帽衫背后，位置可以稍高，避免坐下的时候压到尾巴。

8 在深棕色绒布上剪2片4.5cm×9.5cm的长方形。将帽衫翻面，使反面朝外，参考图片将长方形绒布分别缝至袖口部位，做成“手套”的样子。

9 参照纸样，在浅棕色绒布上剪2片熊掌心和8片脚趾，参考图片的位置将它们缝至袖口，做成熊掌的形状。

我非常喜欢带有熊耳朵元素的童装。现在市面上还有很多大童款也采用了这一元素。我建议小宝宝选择一些颜色比较淡雅的帽衫来改造，较大的孩子则比较适合颜色鲜艳的。

瓢虫

材料和工具：

基础缝纫套装（第14页）
瓢虫的纸样（第115页）
红色帽衫
1块黑色绒布，长22.9cm（幅宽147~152cm）
黑色、红色的网纱卷若干
2个大号黑色绒球

提示：

建议选择拉链门襟的帽衫。如果只能找到套头的帽衫，那么请忽略胸前的网纱装饰，再多剪一些黑色圆片来装饰。

网纱卷用量的补充说明，请参看第34页。

制作说明：

1 测量帽衫领口至口袋上方的长度，剪2条三倍于这个长度的黑色网纱，宽度是10.2cm。举例：测得的长度为20cm，则剪2条60cm的黑色网纱。

2 将1条黑色网纱对折，此时网纱的宽度为5.1cm，长度不变。用缝衣针沿对折线粗缝，再慢慢将线抽紧，网纱往线的一侧移动，形成荷叶边的效果。当网纱的长度与领口至口袋上方相等时，先用大头针将网纱的对折线粗略固定在拉链一侧的针脚上，再用同色的缝衣线将网纱缝好。用相同方法做好另一侧。

3 重复步骤2，这次制作的是红色网纱。与黑色网纱不同的是，2条红色网纱的宽度为7.6cm，对折之后变为3.8cm。荷叶边制作完成后，将它们的对折线缝至拉链两侧与黑色网纱相同的位置，覆盖部分黑色网纱。最后整理一下花边，使其更有型。

4 参照纸样，在黑色绒布上剪圆点，数量按自己的需要决定。将圆点随机分布于帽衫上，先用大头针粗略固定一下，再用缝衣针缝合。

5 在黑色绒布上剪2块7.6cm × 15.2cm的长方形做触角。从长方形的一侧短边开始往另一侧卷，卷的时候要卷紧一点，卷完之后在长边上缝合固定。将绒球缝在触角的一端，再将触角的另一端缝至帽衫的帽子上，与帽子中心线距离大约2.5~5cm。用同样方法做好另一个触角。

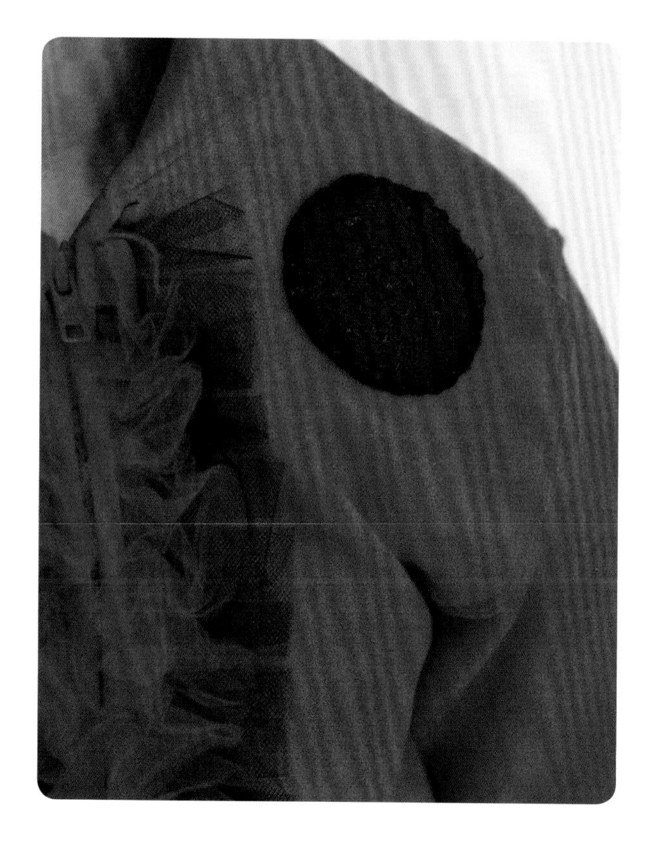

青蛙

青蛙

材料和工具：

基础缝纫套装（第14页）
青蛙的纸样（第112页）
青绿色帽衫
白色绒布少许
1块青绿色绒布，长22.9cm（幅宽147~152cm）
1块黄色绒布，长22.9cm（幅宽147~152cm）
1块深绿色绒布，长22.9cm（幅宽147~152cm）
填充棉
2颗黑色珠子，直径6mm或8mm
胶水
6个青绿色绒球，直径约2.5cm

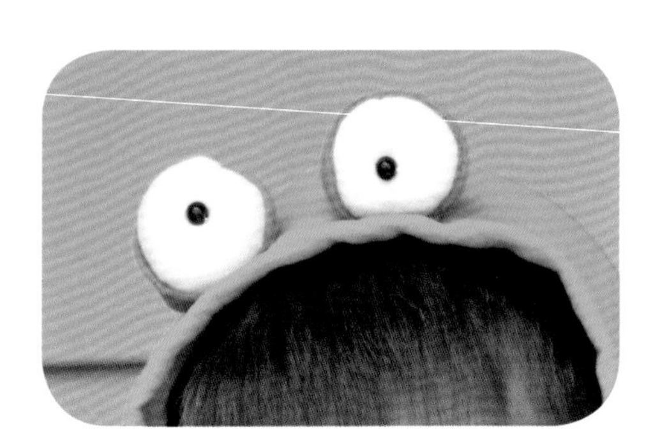

提示：

帽衫分为拉链门襟和套头两种，选择哪一种都可以。还可以准备一条配套的裤子。

制作说明：

1 参照纸样，在白色绒布上剪2片眼睛，将其中1片用缝衣针沿空心圆点粗缝一圈，抽紧缝衣线使绒布鼓起来，往里面放少许填充棉，缝合开口。用同样的方法做好另一只眼睛。

2 将2颗黑色珠子分别缝至眼睛中心，一定要缝紧。

3 参照纸样，在青绿色绒布上剪2片眼睑，用胶水在其中1片眼睑背面直边部分涂一层，再将直边部分包裹住白色眼睛，先用大头针固定一下，等待胶水变干，再用缝衣针沿眼睑空心圆点处粗缝一圈，抽紧缝衣线使绒布鼓起来包裹住眼睛，再次进行缝合。用同样方法做好另一只眼睛。

4 将眼睛缝至帽子顶端，大约位于帽檐的缝衣线处，两眼之间间隔2.5cm。

5 参照纸样，在黄色绒布上剪3片大圆点和6片小圆点，用缝衣针将它们随意缝在帽衫上。

6 参照纸样，在深绿色绒布上剪4片前脚趾，将其中2片正面相对，用缝纫机沿虚线缝合，直边处留开口不缝。翻面，使正面朝上，沿实线缝合。用同样方法做好另一个前脚趾。用缝衣针将6个绒球分别缝至趾尖，再将前脚趾缝至帽衫袖口，位于孩子手背的正上方。

南瓜灯

材料和工具：

基础缝纫套装（第14页）
南瓜灯的纸样（第113页）
橘色帽衫
1块黑色绒布，长22.9cm（幅宽147~152cm）
棕色和深绿色绒布少许
毛条（扭扭棒）1根，颜色不限
填充棉

提示：

请选择套头帽衫，因为拉链会影响南瓜灯的面部装饰。还可以准备一条配套的裤子。

制作说明：

1 从纸样提供的几种眼睛、鼻子和嘴巴的形状中挑选自己喜欢的，在黑色绒布上剪好选定的2片眼睛、1片鼻子和1片嘴巴。用大头针将它们在帽衫前片固定好位置，嘴巴可以盖住口袋。用缝衣针将眼睛、鼻子和嘴巴缝至帽衫上。

2 参照纸样，在棕色绒布上剪茎顶和茎底各1片。将茎顶反面朝外，沿虚线缝合长方形的两短边，使茎顶形成筒状。将茎底反面朝上，沿虚线盖住茎顶一端，先用大头针粗略固定，再进行缝合。将做好的茎翻面，使正面朝外。

3 参照纸样，在深绿色绒布上剪2片叶子，因为绒布有正反面之分，所以描画纸样的时候要注意正反面都要描，各剪1片。将2片叶子正面相对，沿虚线缝合，黑点间隔处留开口不缝，翻面，使正面朝外，缝合开口。用缝纫机沿叶片中心的虚线缝3条叶脉。

4 参照纸样，在深绿色绒布上剪1片宽度1.6cm、长度和毛条相同的长方形，将其裹住毛条，缝合所有开口。将毛条在手指上绕圈，扭出漂亮的弧度。

5 用缝衣针将叶子缝至帽子最上端中心处。在茎部放填充棉，用缝衣针缝合开口，再缝至叶子的底部。最后将毛条缝至茎底。一件可爱的南瓜灯服就做好啦！

公主

公主

材料和工具：

基础缝纫套装（第14页）
关于斗篷制作的补充说明（第15页）
粉红色帽衫
1块紫色绒布，用量按尺码：
- 2T~3T尺码，45.7cm×45.7cm
- 4T/XS尺码，68.6cm×68.6cm
- S~M尺码，91.4cm×91.4cm
- L~XL尺码，114.3cm×114.3cm

1条钩针发带，长度约180cm
1~3卷粉红色网纱卷（请参考右边的网纱卷说明）
1~3卷紫色网纱卷
一大张硬质卡纸
紫色绸带，用量按尺码：
- 2T~3T尺码，2条，1.6cm×40.6cm
- 4T/XS尺码，2条，1.6cm×50.8cm
- S~M尺码，2条，1.6cm×61cm
- L~XL尺码，2条，1.6cm×71.1cm

打火机

网纱卷说明：

市售网纱卷大约为每卷 23m。请按照裙子的尺码和密实度来确定网纱卷的用量，一般来说每种颜色准备 23~70m 比较合适。

提示：

请准备套头的帽衫，否则会破坏造型的完整性。还可以为孩子准备一条配套的紧身裤。

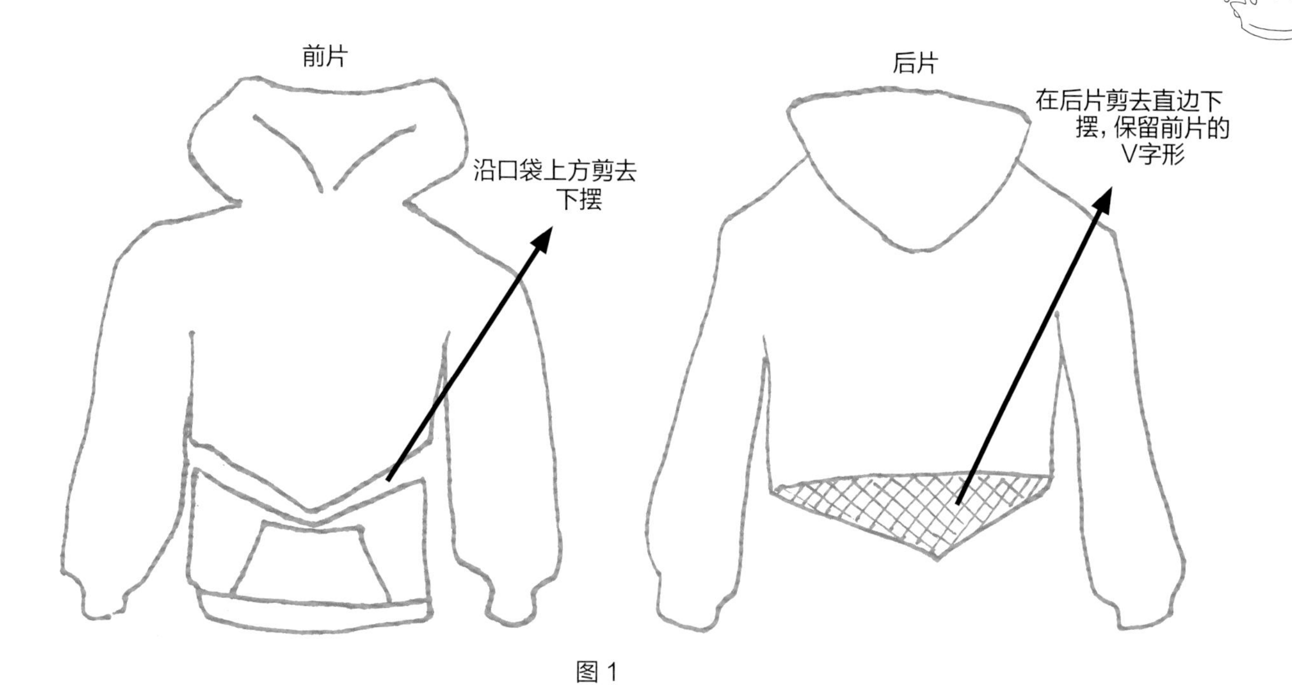

图 1

制作说明：

1 参考图1，在帽衫前片剪一个大“V”字，V字尖正好位于口袋正上方。在帽衫的反面则沿着前片V字最高处齐齐地剪掉帽衫下半部。

2 将钩针发带用大头针在帽衫腰部粗略定位，从V字尖开始环绕腰部一圈，注意发带最下排的孔洞要往下移一些，不要和衣服重叠，这样网纱才可以轻松穿入。用缝纫机沿发带的中心线将其缝在帽衫上。

3 先决定裙子长度，是到膝盖位置还是到小腿中间？或者长至脚踝？确定之后，让孩子试穿帽衫，测量从V字尖开始到裙子下摆的长度并做好记录。

4 剪足够数量的网纱条。准备一张硬卡纸，宽度不限，长度与前一步骤所记录下来的裙长相等。将一卷网纱全部绕在卡纸上，然后用剪刀在任意一处将网纱全部剪断。这样处理过后，网纱的长度正好是所需长度的2倍。不用担心，后续的步骤会将网纱对折，所以这个长度刚好。按这个方法剪好两种不同颜色的网纱各一卷，先别急着剪第二卷，用完发现不够的话再剪。各年龄段使用的网纱数量可以参考第34页的表格。

5 先取一条网纱对折，将对折的部分从V字尖的发带孔洞处从后往前穿入，再将另一端的网纱从对折形成的孔内穿入，轻轻拉紧（见图2），这样就固定好第一条网纱。依次将所有网纱都按相同的方法固定，顺序是“3条粉红色、3条紫色”。

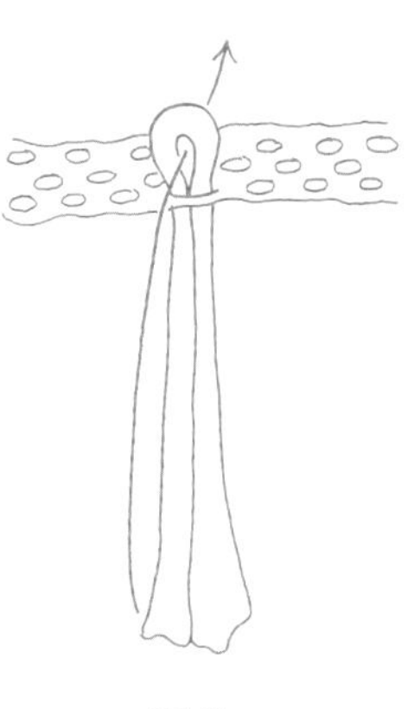

图 2

6 2条绸带的一端分别缝在腰带的左右两侧，用打火机稍稍烧一下，防止脱丝。穿上公主服的时候，绸带可以系成蝴蝶结。

7 斗篷是手工缝合的，所以请先准备好缝衣针和缝线。将正方形绒布任意一条边的中心点对准帽衫后领窝中心点（帽子下方），用大头针粗略固定，接着参考第15页“关于斗篷制作的补充说明”，将斗篷折叠，使其更富层次感。不必拘泥斗篷的缝合方法，只要出来的效果是两边对称，后面有一个长拖尾就可以。

配合第63页的王冠，让你的小公主更有范儿！

皇冠

材料和工具:

基础缝纫套装（第14页）
皇冠的纸样（第107页）
1块金黄色绒布，长22.9cm（幅宽147~152cm）
4颗大宝石或者大纽扣（公主王冠用）

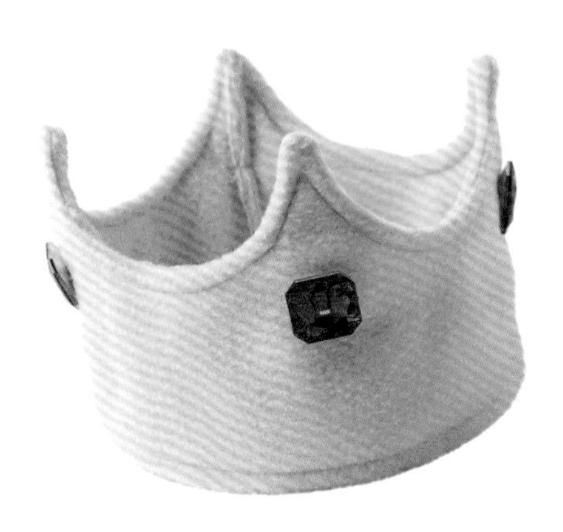

提示:

用绒布做皇冠最大的优势在于它富于弹性，所以无论是大脑袋还是小脑袋，都可以轻松佩戴。

制作说明:

1 参照纸样，在金黄绒布上剪2片皇冠，将它们正面相对，沿虚线缝合，然后翻面，使正面朝外。

2 对折皇冠，使两边重合，缝合直边开口，使皇冠成型，然后翻面，将缝合针脚留在内侧。

3 用缝纫机沿皇冠的实线部分缝合。

4 用宝石或者大纽扣在公主王冠上缝合，进行点缀。皇冠可以省略这一步。

王子

材料和工具：

基础缝纫套装（第14页）
王子的纸样（第118页）
关于斗篷制作的补充说明（第15页）
宝蓝色帽衫
1块红色绒布，用量按尺码（幅宽147~152cm）：
　　2T~3T尺码，长68.8cm
　　4T/XS尺码，长91.4cm
　　S~M尺码，长114.3cm
　　L~XL尺码，长137cm

提示：

帽衫分为拉链门襟和套头两种，选择哪一种都可以。还可以准备一条配套的裤子。

制作说明：

1 参考下表，将红色绒布剪成所需大小做斗篷，剩余的绒布用来做袖子装饰。

帽衫尺码	斗篷所需绒布大小
2T~3T	45.7cm × 45.7cm
4T/XS	68. 6cm × 68. 6cm
S~M	91.4cm × 91.4cm
L~XL	114.3cm × 114.3cm

2 摊平帽衫，将袖子顺平，在袖子靠上的折线上剪开口，2T~4T/XS尺码从距离肩膀缝衣线5.1cm的地方开始顺着折线往袖口方法剪一条11.4cm的开口，其余尺码则从距离肩膀缝衣线7.6cm的地方开始顺着折线往袖口方向剪一条15.2cm的开口。再沿袖子前面中心处与前一开口平行的地方再剪一条同样长度的开口，在袖子背面也同样操作（见下图）。此时左右袖子共剪有6条开口。

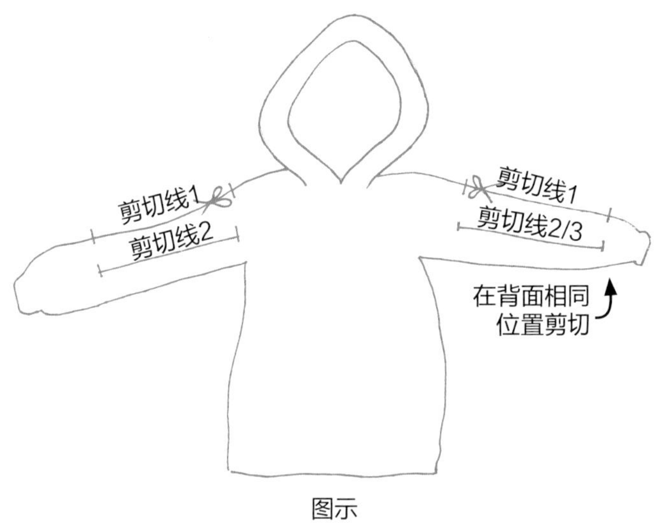

图示

3 参照纸样，在红色绒布上剪6片袖子装饰。翻转帽衫，使反面朝外，将6片装饰用大头针分别固定至6条开口处，边缘对齐，用缝纫机缝合。

4 斗篷是手工缝合的，所以请先准备好缝衣针和缝线。将正方形绒布任意一条边的中心点对准帽衫后领窝中心点（帽子下方），用大头针粗略固定，接着参考第15页“关于斗篷制作的补充说明”，将斗篷折叠，使其更富层次感。不必拘泥斗篷的缝合方法，只要出来的效果是两边对称，后面有一个长拖尾就可以。

配合第63页的皇冠，让你的小王子更有范儿!

稻草人

稻草人

材料和工具：

基础缝纫套装（第14页）
藏青色帽衫
棕色长裤
1块黄色绒布，长22.9cm（幅宽147~152cm）
棕色、藏青色绒布少许
浅蓝色毛线
毛衣缝合针
橡胶手套

提示：

帽衫分为拉链门襟和套头两种，选择哪一种都可以。

制作说明：

1 用圆盘剪、切割垫板等工具，沿黄色绒布的长边切宽度为10.2cm的长条。再沿长条的短边切若干条宽度为2.5cm的小长条（见下页图1），小长条数量越多，“稻草”越密。一般来说，需要准备35~60条小长条。

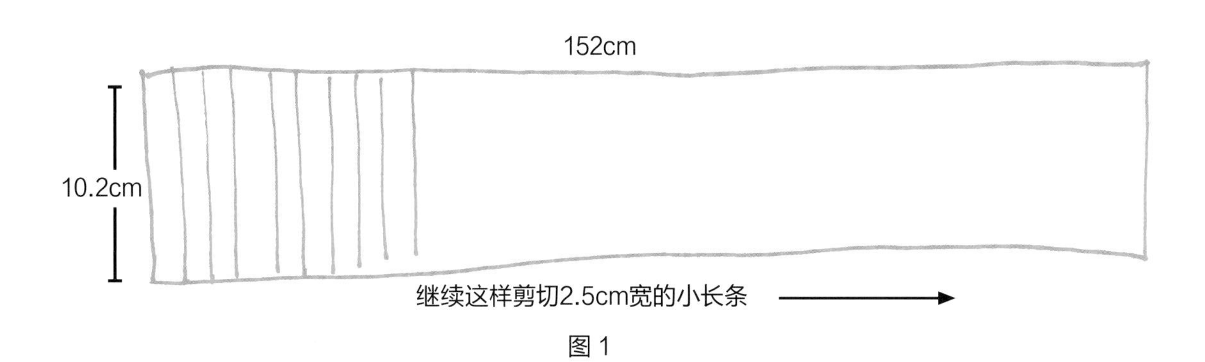

图 1

2 将小长条分成若干组，每组2~3条，参考图2的方式将每组缝合形成穗状。翻转帽衫，使反面朝外，将穗状长条沿帽衫腰部缝合，每束长条之间间隔2.5~5cm。

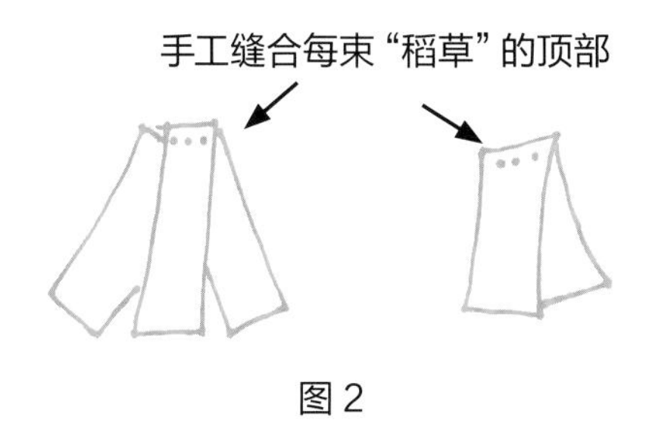

图 2

3 参考步骤1的方法，继续在黄色绒布上切宽度为6.4cm的长条，再沿长条的短边切若干条宽度为2.5cm的小长条，准备20~45条，用于装饰裤子。将裤子反面朝外，将小长条随意缝在裤腰位置。

4 在棕色绒布上剪2片边长7.6cm的正方形，在藏青色绒布上剪1片边长7.6cm的正方形。用毛衣缝合针将正方形缝在帽衫和裤子的任意部位，在正方形的四条边上缝出一些漂亮的针脚。缝合的时候可以戴上橡胶手套，一来可以保护双手，二来可以使缝合速度变快。我发现用藏青色绒布装饰棕色帽衫，或是用棕色绒布装饰蓝色帽衫都有很不错的效果，大家不妨一试。

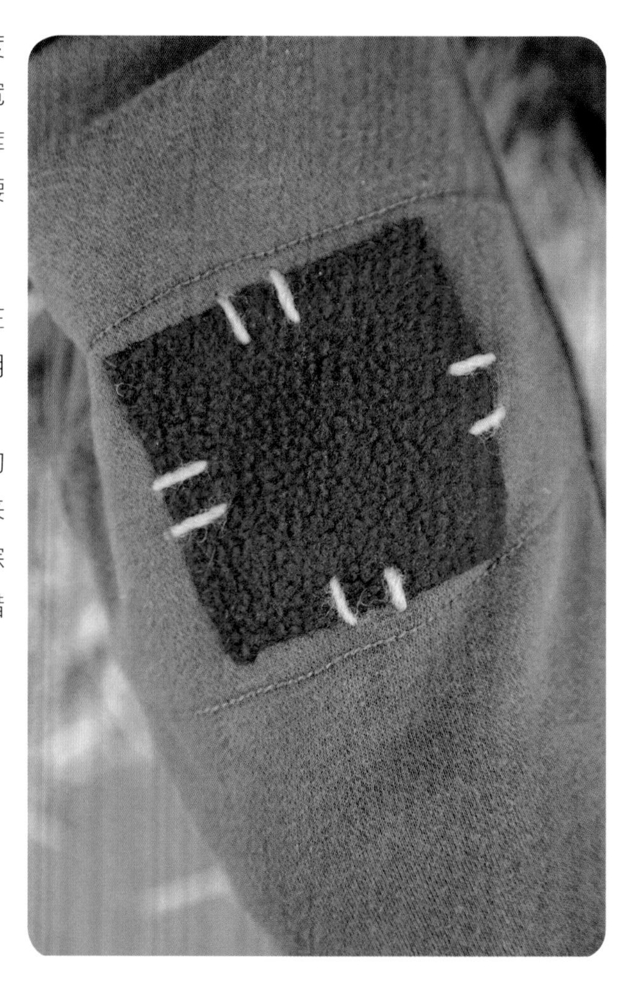

如果你家的“小稻草人”没有把讨厌的乌鸦吓跑，你可千万别以为是自己做的衣服不够好哦！实在是因为它太可爱啦，根本不会吓到任何生物！

恐龙

恐龙

材料和工具:

基础缝纫套装（第14页）
恐龙的纸样（第108页）
绿色帽衫
棕色长裤
1块蓝色绒布，长22.9cm（幅宽147~152cm）
1块白色绒布，长11.4cm（幅宽147~152cm）
填充棉

提示:

帽衫分为拉链门襟和套头两种，选择哪一种都可以。还可以准备一条配套的裤子。

制作说明:

1 先测量一下帽顶（距离帽檐边缘1.3~2.5cm处，视自己的喜好）沿后背垂直往下至帽衫下摆罗纹上方的长度，以确定棘的数量。2T~S尺码的棘大约长7.6cm，其余尺码的棘约为10.2cm，只要将之前测量得到的长度除以7.6，即为2T~S尺码需要用到的棘的数目，除以10.2则为其余尺码所需棘的数目。

2 参照纸样，在蓝色绒布上剪2片棘，将它们正面相对，沿虚线缝合，直边处留开口不缝。翻面，使正面朝外，用缝纫机再沿实线缝合，放一些填充棉在棘里。用同样方法做好其余的棘。

3 用记号笔从帽子开始至帽衫后背画一条中心线，这条线就是棘的缝合位置。取1片棘，用缝衣针缝至帽顶（即步骤1测量开始处）。再依次将所有棘缝好，棘与棘之间几乎无缝隙。

4 参照纸样，在白色绒布上剪2片牙齿，将它们正面相对，沿虚线缝合，直边处留开口不缝。翻面，使正面朝外，用缝纫机再沿实线缝合。按照同样的方法一共做好8个牙齿。

5 摊平帽衫，沿右袖靠上的折边画一条直线，这条线就是牙齿的缝合位置。取1片牙齿，用缝衣针缝至袖口罗纹上端。再依次往上朝肩膀方向缝好其余3片牙齿，牙齿之间几乎无缝隙。

6 摊平帽衫，沿左袖靠下的折边画一条直线，这条线就是牙齿的缝合位置。取1片牙齿，用缝衣针缝至袖口罗纹上端。再依次往上朝腋窝方向缝好其余3片牙齿，牙齿之间几乎无缝隙。现在，摆小恐龙的手臂，亮出你的牙齿来吧！（见下图）

图示

它的棘真的很酷！牙齿呢？牙齿就是王道！

TOOBS

鲨鱼

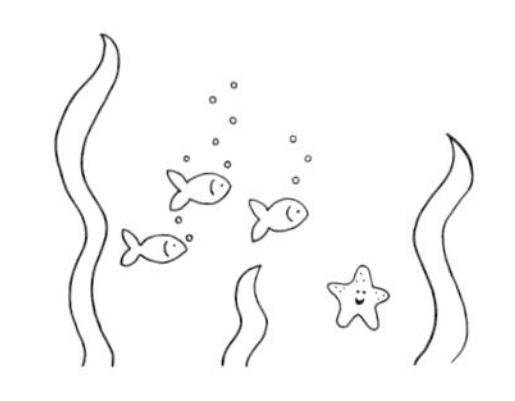

材料和工具：

基础缝纫套装（第14页）
鲨鱼的纸样（第119页）
灰色帽衫
1块白色绒布，长22.9cm（幅宽147~152cm）
1块灰色绒布，长22.9cm（幅宽147~152cm）
2颗黑色纽扣
珍珠棉

提示：

帽衫分为拉链门襟和套头两种，选择哪一种都可以。还可以准备一条配套的裤子。

制作说明：

1 参照纸样，在白色绒布上剪16片牙齿，将其中2片正面相对，沿虚线缝合，直边处留开口不缝。翻面，使正面朝外，用缝纫机再沿实线缝合。按照同样的方法一共做好8个牙齿。

2 用大头针将牙齿粗略固定于帽檐内侧反面的位置，先从中间两颗牙齿开始，依次向两边延伸，牙齿之间要紧贴。需要注意的是，帽衫尺码不同，所需要的牙齿数目也不同。如果觉得牙齿过多，可以减去左右各1个；反之如果觉得不够，可以再多做2个。

3 将黑色纽扣缝至帽子两侧。

4 参照纸样，在灰色绒布上剪2片鱼翅，因为绒布有正反面之分，所以描画纸样的时候要注意正反面都要描，各剪1片。将它们正面相对，沿虚线缝合，直边处留开口不缝，翻面，使正面朝外，用缝纫机再沿实线缝合。在珍珠棉上剪1片同样大小的鱼翅，稍稍修剪一下边缘，将它填进绒布鱼翅的开口处。

5 让孩子试穿一下帽衫，不要戴上帽子，使帽子自然垂下，用记号笔在帽衫背面标记帽尖位置。将鱼翅翅尖朝下，用缝衣针缝至记号下方。

材料和工具:

基础缝纫套装(第14页)
龙的纸样(第108~109页)
浅绿色帽衫
1块深绿色绒布,长22.9cm(幅宽147~152cm)
1块浅绿色绒布,长22.9cm(幅宽147~152cm)
填充棉

图 1

提示:

帽衫分为拉链门襟和套头两种，选择哪一种都可以。还可以准备一条配套的裤子。

制作说明:

1 参照纸样，在深绿色绒布上剪2片圆点A、2片圆点B、4片圆点C和2片圆点D。参考图1，将这些圆点用缝衣针缝至胸前两侧的位置。

2 参照纸样，在深绿色绒布上剪2片龙角A和8片龙角B。先将2片龙角A正面相对，沿虚线缝合，直边处留开口不缝，翻面，使正面朝外，加入填充棉。按照同样的方法处理龙角B，一共做成4只龙角B。

3 参照纸样，在深绿色绒布上剪2片圆点A、3片圆点B、2片圆点C和3片圆点D。

4 参照纸样，在浅绿色绒布上剪4片耳朵。将其中2片正面相对，沿虚线缝合，直边处留开口不缝。翻面，使正面朝外，对折耳朵，在耳朵底边上用缝衣针松松地缝合，使耳朵保持立体的形状。

5 参考图2，将步骤2~步骤4中做好的部件一一缝合至帽衫帽子上。

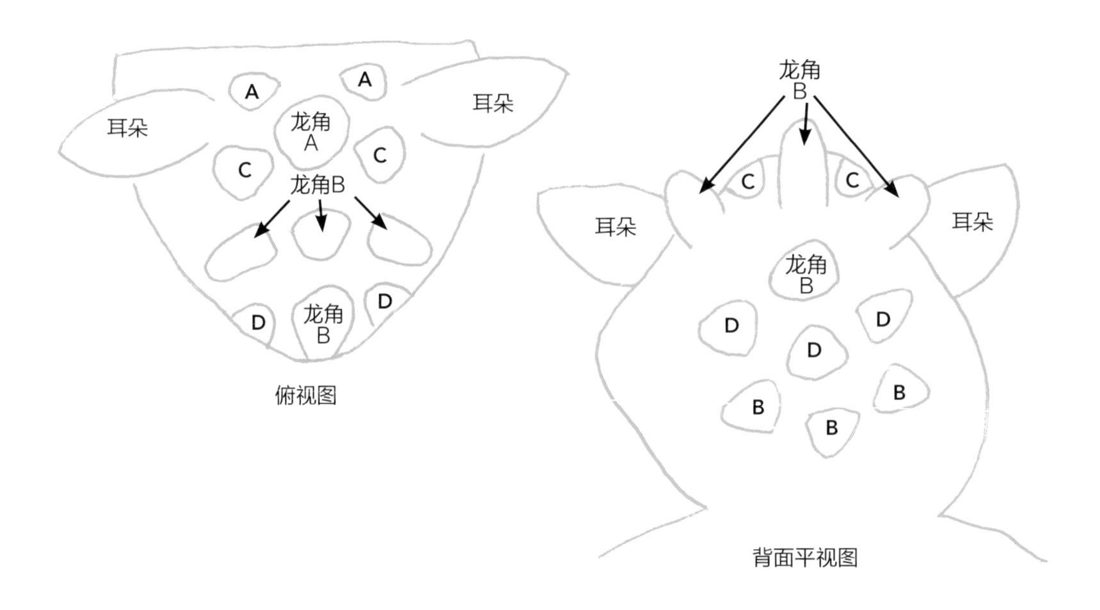

图2

6 测量帽衫后领窝至后片下摆罗纹上方的长度，以确定需要用到的棘的数量。2T~S尺码的棘大约长7.6cm，其余尺码的棘约为10.2cm，只要将之前测量得到的长度除以7.6，即为2T~S尺码需要用到的棘的数目，除以10.2则为其余尺码所需棘的数目。

7 参照纸样，在深绿色绒布上剪2片棘，将它们正面相对，沿虚线缝合，直边处留开口不缝。翻面，使正面朝外，用缝纫机再沿实线缝合，放一些填充棉在棘里。用同样方法做好其余棘。将棘用缝衣针缝至帽衫背面中心线上。

8 参照纸样，在深绿色绒布上剪4片翅膀，因为绒布有正反面之分，所以描画纸样的时候要注意正反面都要描，各剪2片。将其中2片正面相对，沿虚线缝合，直边处留开口不缝。翻面，使正面朝外，用缝纫机再沿实线缝合，翅膀中心的实线也要缝合。用同样方法做好另一个翅膀。将翅膀用缝衣针缝至第1片棘的两侧，主体部分位于肩胛处。

9 参照纸样，在深绿色绒布上剪2片尾巴，因为绒布有正反面之分，所以描画纸样的时候要注意正反面都要描，各剪1片。将它们正面相对，沿虚线缝合，直边处留开口不缝。翻面，使正面朝外，用缝纫机沿尾巴中心实线缝合。将做好的尾巴缝至最后1片棘的下方。由于未在尾巴里加填充棉，所以孩子坐下的时候即使压到也不会不舒服。

姜饼人

材料和工具：

基础缝纫套装（第14页）
棕色帽衫
棕色长裤
1条白色波浪花边，宽3.8cm，长度见“提示”
3颗红色的大号纽扣

提示：

帽衫分为拉链门襟和套头两种，选择哪一种都可以。还可以准备一条配套的裤子。

由于尺码和款式的不同，“糖霜”（波浪花边）的用量也不同。先测量帽衫的下摆、两袖手腕处、裤腿和帽檐的周长，将总长度再加上 15cm，即为所需波浪花边的长度。

制作说明：

1 参考图片，在帽衫的帽檐、袖口、下摆处先用大头针将波浪花边粗略固定，再用缝纫机沿花边的中心线缝合，注意末尾要往内折一下再缝。

小贴士： 帽衫的款式繁多，你准备的那件也许不那么“中规中矩”，可能是一件有荷叶边下摆的，或是有很多装饰物的，不用担心，这个时候可以完全按自己的心意来做姜饼人。在本书中，我采用的是在帽檐、袖子罗纹口上方、裤腿、下摆罗纹这几个地方“撒糖霜”。要注意的是，如果帽衫是拉链门襟设计的，在处理下摆花边的时候一定要在门襟处断开，否则拉链就不能自由活动啦。

2 在帽衫胸口位置竖向缝上3颗红纽扣，最后1颗位于口袋上方。如果你准备的是拉链门襟帽衫，请将纽扣缝在其中一侧的门襟上，等拉链拉上的时候纽扣自然而然会位于居中的位置。

哇！姜饼就这么做好了！无需烘烤哦！

孩子一穿上这套姜饼人服装就会忍不住大喊：“奔跑吧！全速奔跑吧！你抓不到我！我是姜饼人！”你也许会在下一届奥运会的跑道上看到我们的小姜饼人哦。

骑士

骑士

材料和工具：

基础缝纫套装（第14页）
骑士的纸样（第114页）
关于斗篷制作的补充说明（第15页）
灰色帽衫
1块灰色绒布，长68.6cm（幅宽147~152cm）
1块红色绒布，长68.6cm（幅宽147~152cm）

提示：

帽衫分为拉链门襟和套头两种，选择哪一种都可以。还可以准备一条配套的裤子。

制作说明：

1 参照纸样，在灰色绒布上剪2片头盔，因为绒布有正反面之分，所以描画纸样的时候要注意正反面都要描，各剪1片。将它们正面相对，沿虚线缝合，直边处留开口不缝。翻面，使正面朝外，开口处的绒布稍稍往内折一些，缝合开口，再继续沿实线缝一圈，中间的3条实线也要缝。在纸样星星记号处将头盔缝至帽子的上方和侧边部位。

2 在灰色绒布上剪1条2.5cm×40.6cm的长条，反面朝上放置，从短边的一侧慢慢卷至另一侧，卷完之后用缝衣针在末尾缝合，避免松开。将小卷缝至帽子最顶部。

3 参照纸样，在灰色绒布上剪4片肩甲，将其中2片正面相对，沿虚线缝合，直边处留开口不缝。翻面，使正面朝外，开口处的绒布稍稍往内折一些，缝合开口。用同相方法做好另外1个肩甲。将肩甲对称包裹帽衫的肩部，用缝衣针缝合。

4 参照纸样，在灰色绒布上剪4片腕甲，因为绒布有正反面之分，所以描画纸样的时候要注意正反面都要描，各剪2片。将其中2片正面相对，沿虚线缝合，直边两个小圆圈之间留开口不缝。翻面，使正面朝外，再沿实线缝合，并将开口处的绒布稍稍往内折一些，缝合开口。对折腕甲，使纸样上的斜边和它的对边重合起来，再用缝纫机缝合两个小圆圈之间的直线部分。用相同方法做好另外1片腕甲。将腕甲套在帽衫袖子上，有尖角的一侧位于手肘处，用缝衣针将腕甲缝合至袖口。假如帽衫的袖子有罗纹收口的，就

将腕甲最下边与罗纹缝合处重叠缝合；假如帽衫的袖子没有罗纹收口，就直接将腕甲最下边与袖口底部重叠缝合。

5 参考下表，将红色绒布剪成对应的大小。

帽衫尺码	对应绒布大小
2T~3T	22.9cm × 45.7cm
4T~XS	45.7cm × 68.6cm
S~M	45.7cm × 91.4cm
L~XL	45.7cm × 114.3cm

6 斗篷是手工缝合的，所以先准备好缝衣针和缝线。将正方形绒布短边的中心点对准帽衫后领窝中心点（帽子下方），用大头针粗略固定，接着参考第15页“关于斗篷制作的补充说明”，将斗篷折叠，使其更富层次感。缝合斗篷，使其位于2片肩甲中间的位置。

7 最后一步是为骑士做配套的围脖。尺码2T~S，请在红色绒布上剪15.2cm × 66cm的长条；尺码M~XL，在红色绒布上剪15.2cm × 81.3cm的长条。将长条对折，正面相贴，两个短边重合并缝合成圈。翻面，使正面朝外，将围脖围在脖子上，置于帽下。

小黄鸭

材料和工具：

基础缝纫套装（第14页）
小黄鸭的纸样（第109页）
金黄色帽衫
1块橘色绒布，长22.9cm（幅宽147~152cm）
金黄色绒布少许
2颗黑色纽扣

提示：

帽衫分为拉链门襟和套头两种，选择哪一种都可以。还可以准备一条配套的裤子。

制作说明：

1 参照纸样，在橘色绒布上剪2片鸭嘴，将它们正面相对，沿虚线缝合，直边处留开口不缝。翻面，使正面朝外，再继续沿实线缝合。

2 将鸭嘴的直边伸进帽子边缘1.9cm左右，鸭嘴的弧形部分要像棒球帽的鸭舌一样露在帽子外边。用缝衣针沿鸭嘴开口的直边将鸭嘴缝至帽子上，这条缝合线很可能与帽子本身的缝合线重合。

3 将2颗黑色纽扣缝至帽子上，大约距离帽檐边缘3.8cm处，或者凭自己的喜好来确定位置。

4 在金黄色绒布上剪2条2.5cm × 12.7cm的长条，将它们重叠并打一个结，结位于长条的中心，再将这个结用缝衣针缝至帽顶作为鸭的羽毛。

按照第 90 页的方法制作鸭蹼，可以使整个造型更完整。

鸭蹼

材料和工具：

基础缝纫套装（第14页）
鸭蹼的纸样（第110页）
1块橘色绒布，长22.9cm（幅宽147~152cm）
2条尼龙搭扣，3.8cm×1.9cm

提示：

可以参考以下尺码表来选择鸭蹼的纸样尺码，测量孩子鞋内的长度。

鸭蹼纸样尺码	鞋内长（单位：mm）
XS	110~155
S	160~200
M	210~235
L	235~250

制作说明：

1 参照纸样，在橘色绒布上剪4片鸭蹼，因为绒布有正反面之分，所以描画纸样的时候要注意正反面都要描，各剪2片。将其中1对正面相对，沿A点开始缝合至B点，然后翻面，使正面朝外。

2 将开口处往内折6mm，缝合开口。

3 参考照片的位置，在鸭蹼上用缝纫机缝3条脚趾线。

4 重复步骤1~步骤3，处理好第2个鸭蹼。

5 将尼龙搭扣对折剪开，形成4个正方形，每个鸭蹼使用正反各1个。将1对尼龙搭扣缝至其中1个鸭蹼后方，左右各一，注意缝合的时候左右鸭蹼一定要一上一下缝合，这样才能粘起来。用同样方法做好第2个鸭蹼。

超级英雄

超级英雄

材料和工具：

基础缝纫套装（第14页）
超级英雄的纸样（第120~121页）
藏青色帽衫
1块青绿色绒布，用量按尺码（幅宽147~152cm）：
 2T~3T尺码，准备45.7cm
 4T/XS尺码，准备68.6cm
 S~M尺码，准备91.4cm
 L~XL尺码，准备114.3cm
1块青绿色硬质毡布，22.9cm×30.5cm
1块宝蓝色绒布，长22.9cm（幅宽147~152cm）
胶水

提示：

请选择套头帽衫，因为拉链门襟的设计会破坏超级英雄的标志。还可以准备一条配套的裤子。

制作说明：

1 选自己喜欢的字母作为胸前的标志，参照纸样，在青绿色硬质毡布上剪下该字母。接着参照纸样，在宝蓝色绒布上剪1片钻石形背景。在字母背面涂上胶水，粘在背景的正面，再用缝纫机沿字母的钻石形状侧边缝一圈加固。胶水晾干后，用缝衣针将整个标志缝至帽衫胸口正前方。

2 测量帽衫的腰围，测量的位置是在罗纹下摆的上方、口袋开口的下方。在宝蓝色绒布上剪1条比测得的腰围稍长的长条，宽度为5.1cm。从帽衫前片口袋下方正中心开始，用大头针将长条粗略固定于帽衫腰部，再用缝衣针将长条缝合，缝合的时候请不要将口袋开口缝上。注意：接缝处一定要位于前片腰部的正中心，之后的腰带环装饰会遮盖此接缝，不影响美观。

3 参照纸样，在青绿色绒布上剪1片腰带环，将腰带环稍稍盖过口袋，缝至腰带接缝处，腰带环覆盖口袋的部分无需缝合。

4 参照下表，将青绿色绒布剪成相应大小。

帽衫尺码	对应的绒布尺寸
2T~3T	45.7cm × 45.7cm
4T/XS	68.6cm × 68.6cm
S~M	91.4cm × 91.4cm
L~XL	114.3cm × 114.3cm

穿上这套超级英雄服装的小男孩都应该感谢我的丈夫，我本来打算再加做一条闪闪发光的内裤，是他成功地制止了我的想法。

5 斗篷是手工缝合的，所以先准备好缝衣针和缝衣线。将正方形绒布任意一条边的中心点对准帽衫后领窝中心点（帽子下方），用大头针粗略固定，接着参考第15页“关于斗篷制作的补充说明”，将斗篷折叠，使其更富层次感。不必拘泥斗篷的缝合方法，只要出来的效果是两边对称，后面有一个长拖尾就可以。

小红帽

制作斗篷的材料和工具：

基础缝纫套装（第14页）
红色帽衫（详细要求见“提示”）
1条红色带褶丝带，长180~370cm
1条黑色丝带，长61cm
1对风纪扣

提示：

请选择偏大尺码的帽衫，使斗篷更漂亮。你可以参考以下表格来选择尺码：

正常尺码	选择尺码
2T~4T/XS	儿童 XL~成人 S
S	成人 M
M	成人 L
L	成人 XL
XL	成人 XXL

帽衫分为拉链门襟和套头两种，选择哪一种都可以。还可以准备一条配套的紧身裤。

斗篷的制作说明：

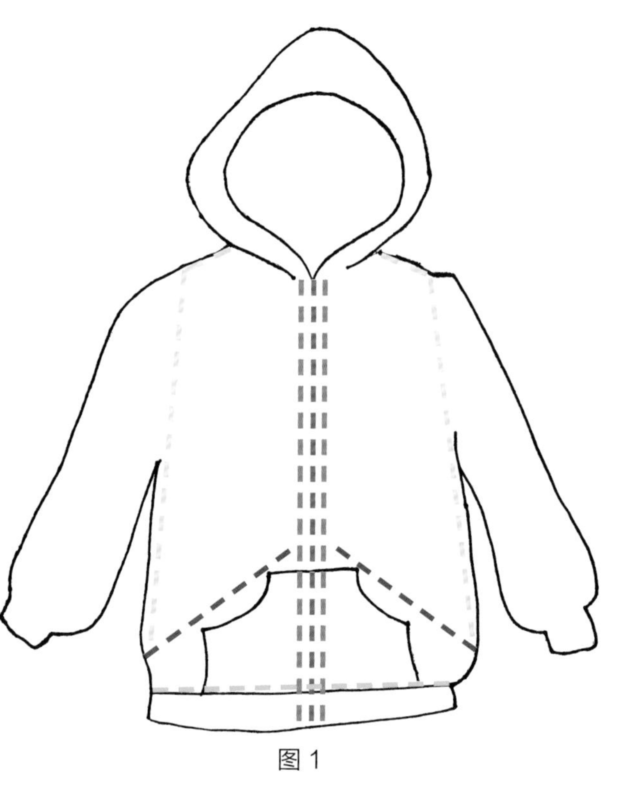

图 1

1 如果你的帽衫是拉链门襟设计的，先将拉链剪去，请参考图1中蓝色虚线的位置，从帽衫下摆罗纹口开始，一直往上剪至领口，另一侧做同样的处理。如果你的帽衫是套头设计的，就参考图1中紫色虚线的位置，从帽衫前片下摆正中心开始，一直往上剪至领口。

2 参考图1中绿色虚线的位置，将帽衫的罗纹下摆全部剪去，前后片都要剪。

3 参考图1中红色虚线的位置，剪去前片的口袋，注意两侧要对称地剪。剪完之后以侧边为界线的前后片中心会形成落差，可以继续往后剪去一小部分后片，使落差变成弧形，更加自然。

4 参考图1中黄色虚线的位置，沿测边剪去两个袖子。肩部也要剪，剪的时候注意剪出自然的弧度。

5 将斗篷翻面，使反面朝外，先用大头针沿侧边至肩部粗略固定，再用缝纫机将这些边缝合。

6 将红色带褶丝带缝在斗篷的边上，包括斗篷的领口、门襟、下摆部分。

7 将风纪扣缝在斗篷领口部位，用黑色丝带打一个蝴蝶结缝在其中一侧的风纪扣处。

制作蓬蓬裙的材料和工具：

白色合身T恤衫
1条黑色钩针发带，长180cm
1大张硬质卡纸
红色网纱卷，2~5卷（用量请看“关于网纱卷的说明”）
白色网纱卷，1~2卷
1条黑色丝带，6mm×61cm
胶水
1条黑色带花纹的松紧带，长61cm

关于网纱卷的说明：

市售的网纱卷通常每卷长度为 22.9m。依据蓬蓬裙的长度和密度来确定网纱卷的使用量。一般来说，此款裙子需要用到红色网纱 45.7~114.3m，白色网纱 22.9~45.7m。

蓬蓬裙的制作说明：

1 让孩子试穿T恤衫，在下胸围往下2.5cm处画记号，剪去记号线以下的部分。

2 将钩针发带在T恤衫的高腰部位环绕一圈，可以借助大头针粗略固定位置，发带的两端在T恤衫的后片中心处相连。用缝纫机将发带与T恤衫缝合起来。

值得注意的是，发带底部孔洞的位置要比 T 恤衫的下摆稍低一点，这样才能确保网纱可以轻易地从这些孔洞中间穿过。

3 先确定裙子的长度，是到膝盖位置还是到小腿中间？或者长至脚踝？确定之后，让孩子再次试穿T恤衫，测量好从腰部到膝盖、小腿肚或者脚踝的长度，并记录下来。

4 剪足够数量的网纱条。准备一张硬质卡纸，宽度不限，长度与前一步骤所记录下来的裙长相等。将一卷网纱全部绕在卡纸上，然后用剪刀在任意一处将网纱全部剪断。这样处理过后，网纱的长度正好是所需长度的两倍。不用担心，后续的步骤会将网纱对折，所以这个长度刚好。按这个方法剪好两色网纱各一卷，先别急着剪第二卷，用完发现不够的话再剪。各年龄段使用的网纱数量可以参考第34页的表格。

5 先取一条白色网纱对折，将对折的部分从帽衫后腰中心的发带孔洞处从后往前穿入，再将另一端的网纱从对折形成的环内穿入，轻轻拉紧（见图2），这样就固定好第一条网纱。继续使用白色网纱，使T恤前片中心有15.2~22.9cm（视尺寸大小决定）宽度的白色网纱，以形成围裙的式样。用同样的方法处理好后片的白色网纱，宽度相同。再在剩余的位置布上红色网纱。

6 最后一步就是装饰黑色丝带。尺码2T~S，请剪好4条10.2cm的黑色丝带；尺码M~XL，请剪好4条15.2cm的黑色丝带。用硬质卡纸垫在T恤衫里，前片朝上放置，用胶水将4条黑色丝带在T恤前片正中心从上往下贴成两个交叉形状，再用2条垂直的带花纹松紧带盖在丝带的两边，同样用胶水固定。注意松紧带要从领窝开始直至发带处。

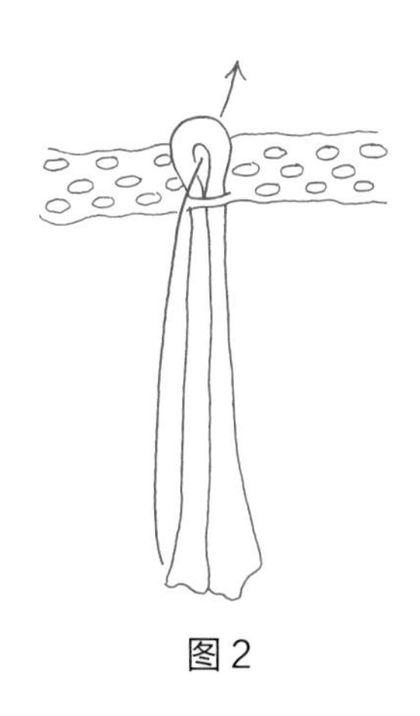

图 2

我女儿穿上这身小红帽服装之后就完全不肯脱下来了！显然，我的任务就是一直不停地扮演大灰狼的角色……

独角兽

材料和工具：

基础缝纫套装（第14页）
独角兽的纸样（第122页）
玫红色帽衫
1块浅粉色绒布，长45.7cm（幅宽147~152cm）
1块玫红色绒布，长11.4cm（幅宽147~152cm）
1块浅黄色绒布，长11.4cm（幅宽147~152cm）
填充棉

提示：

帽衫分为拉链门襟和套头两种，选择哪一种都可以。还可以准备一条配套的紧身裤。

制作说明：

1 先测量帽子的长度，从帽檐边缘开始，沿中心线一直量至帽子和领口连接的位置。在浅粉色绒布上剪2个长方形，长与刚刚测得的长度一致，宽为15.2cm。在长方形较长的两条边上分别向内剪宽度为2.5cm的小长条，刀口垂直于较长的边，注意不要剪断小长条，在长方形的中心要留开1.3cm宽的距离作为后续缝合之用（可以参考第119页兔子的纸样，方法基本相同）。它们就是独角兽的鬃毛。

2 将两个长方形重叠，较短的一边紧贴帽檐边缘，鬃毛的中心线与帽子的中心线重合，用缝纫机沿中心1.3cm的窄边将鬃毛由帽檐缝合至领窝。要使鬃毛更有型，可以随意抓取2条小长条打一个松松的结，视自己的喜好随机抓取打结，数目不限。

3 参照纸样，在玫红色和浅粉色绒布上各剪2片耳朵，先将两种颜色的耳朵各1片正面相对，沿虚线缝合，直边处留开口不缝，翻面，使正面朝外，用缝纫机再沿实线缝合。按照同样的方法做好另一只耳朵。用缝衣针将耳朵缝至鬃毛两侧。

4 参照纸样，在浅黄色绒布上剪1片角，沿纸样上的折叠线正面相对对折，沿虚线缝合。先在角尖处放一些填充棉，然后将填充棉赛满整个角。用缝衣针将角缝至帽顶，大约距离帽檐2.5cm处，注意角的缝合线要朝向帽衫的背面。

5 接下来要在角上制造出旋转凹槽的效果。准备好针线，缝线的末端打结，将缝衣针在角的底部穿出，缝线以倾斜的角度向上紧紧地缠绕在角上，缠绕的过程中一旦遇到角的侧边缝合线，就需要在缝合线处缝一下打结固定。保持这样的方法一直将缝线紧紧缠至角尖，检查一下角的凹槽效果是否满意，确认无误之后在角尖最后一次打结固定。

6 在浅粉色绒布上剪2片15.2cm×50.8cm的长方形，将长方形沿长边对折，所得的长方形为15.2cm×25.4cm，由一侧开始将对折边剪开，留末尾2.5cm不剪，再用同样的方法每隔2.5cm剪一次，末尾同样不剪。全部剪完之后，沿方形的短边未剪开处慢慢卷起至另一侧，用缝衣针在末尾缝合以固定流苏的形状，再将流苏缝至帽衫背面罗纹下摆上方的位置，作为独角兽的尾巴。

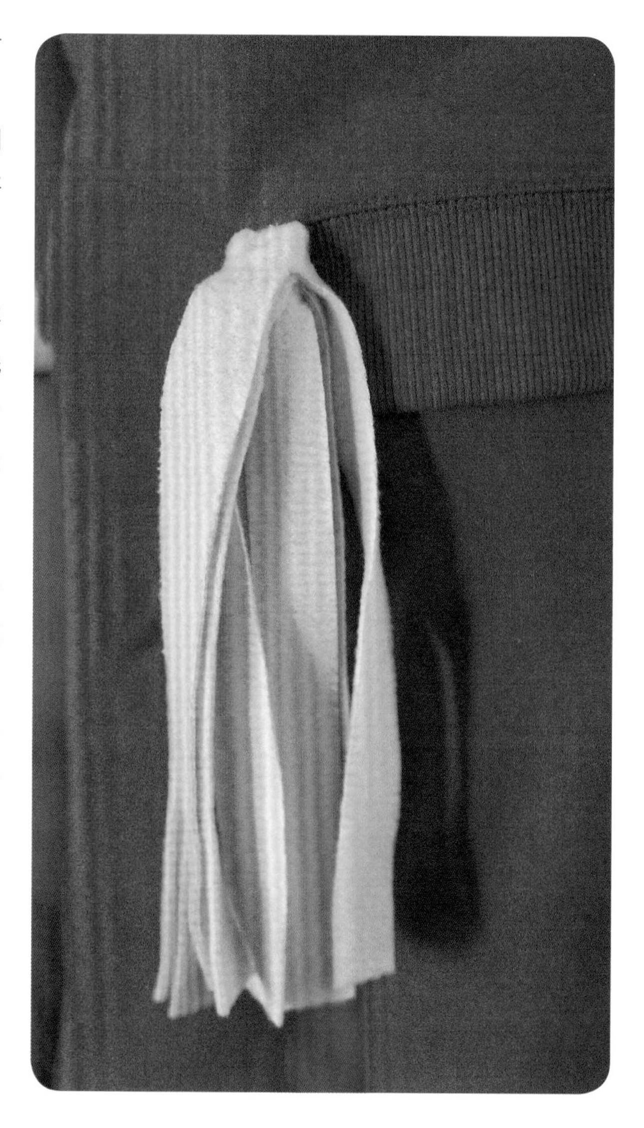

我自己完成的独角兽装正好是我 6 岁儿子的尺码。完成之后，我需要一个小模特来穿这件衣服，而他又不怎么情愿，所以我花了 3 美元“说服”了他。结果你也看到了，这 3 美元花得太值了，照片相当漂亮！我相信这套衣服可以让他在毕业典礼上大放光彩。

狐狸

狐狸

材料和工具：

基础缝纫套装（第14页）
狐狸的纸样（第111页）
橘色帽衫
1块橘色绒布，长30.5cm（幅宽147~152cm）
1块乳白色绒布，长22.9cm（幅宽147~152cm）
黑色绒布少许

提示：

帽衫分为拉链门襟和套头两种，选择哪一种都可以。还可以准备一条配套的紧身裤。

制作说明：

1 参照纸样，在橘色和乳白色绒布上各剪2片耳朵，在黑色绒布上剪2片耳朵尖。将1片耳朵尖的反面放在1片橘色耳朵正面，顶部重合，用缝纫机沿黑色耳朵尖的虚线与橘色耳朵缝合。用同样方法处理好另1只耳朵。

2 取步骤1中做好的1片耳朵片与1片乳白色耳朵片正面相对，沿虚线缝合，直边处留开口不缝，翻面，使正面朝外。用同样方法做好另1只耳朵。

3 为了使耳朵更立体，在耳朵底边左右顶点分别向内折1/3，用缝衣针在底边缝合固定。用大头针将耳朵按照自己喜欢的角度在帽子两侧粗略固定，再用缝衣针缝合。

4 参照纸样，在橘色绒布上剪2片尾巴，在乳白色绒布上剪2片尾巴尖。将1片尾巴尖的反面放在1片橘色尾巴正面，尾巴末端部分重合，用缝纫机沿乳白色尾巴尖的虚线与橘色尾巴缝合。用同样方法处理好另1片尾巴。

5 将步骤4中做好的2片尾巴正面相对，沿虚线缝合，直边处留开口不缝，翻面，使正面朝外。

注意：尾巴未使用填充棉，这样可以使孩子坐下的时候更舒适。

6 用缝衣针将尾巴沿直边缝至帽衫背后自己喜欢的位置。

纸样

笨熊

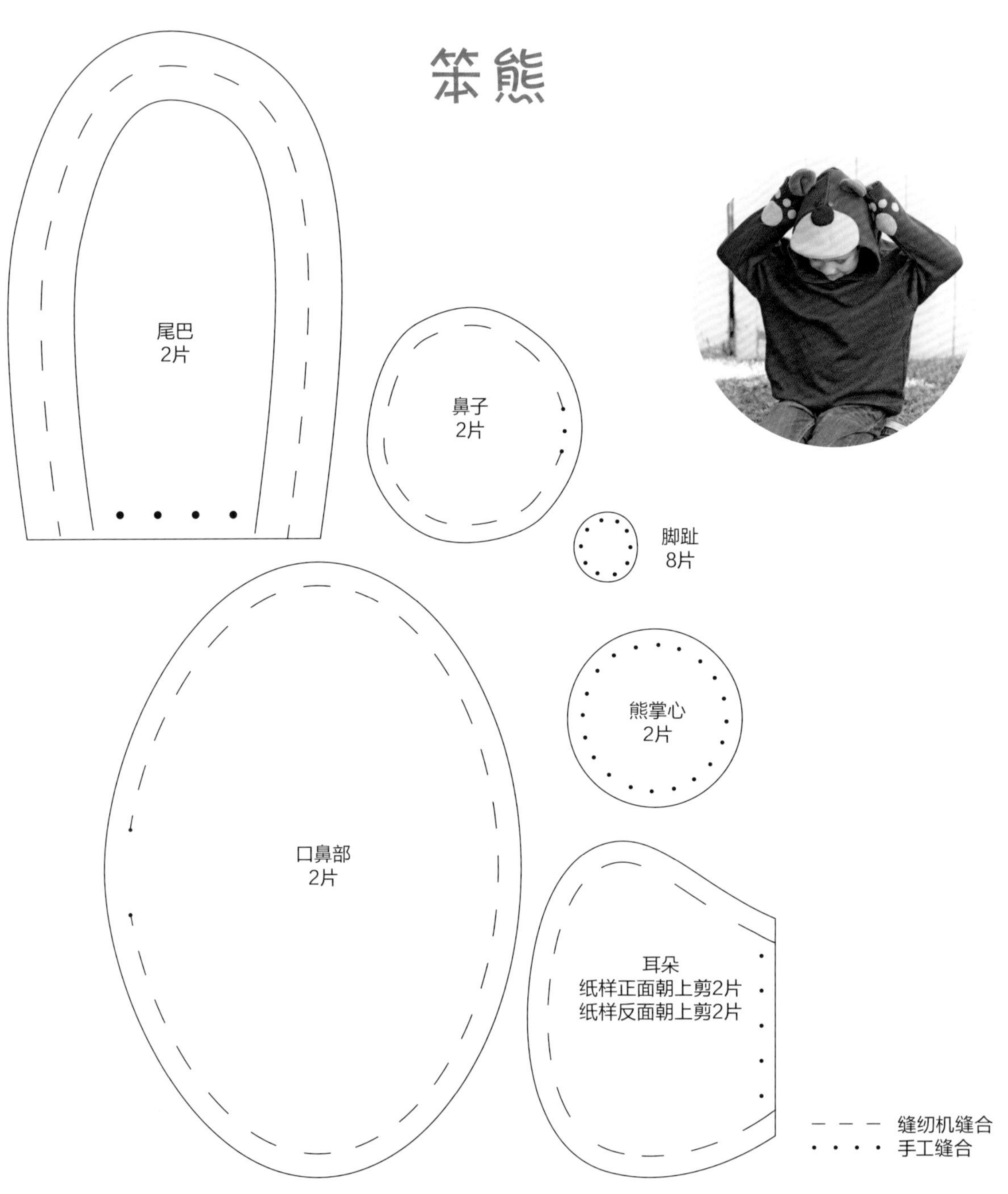

尾巴为1：1尺寸
其余纸样放大至200%

大黄蜂

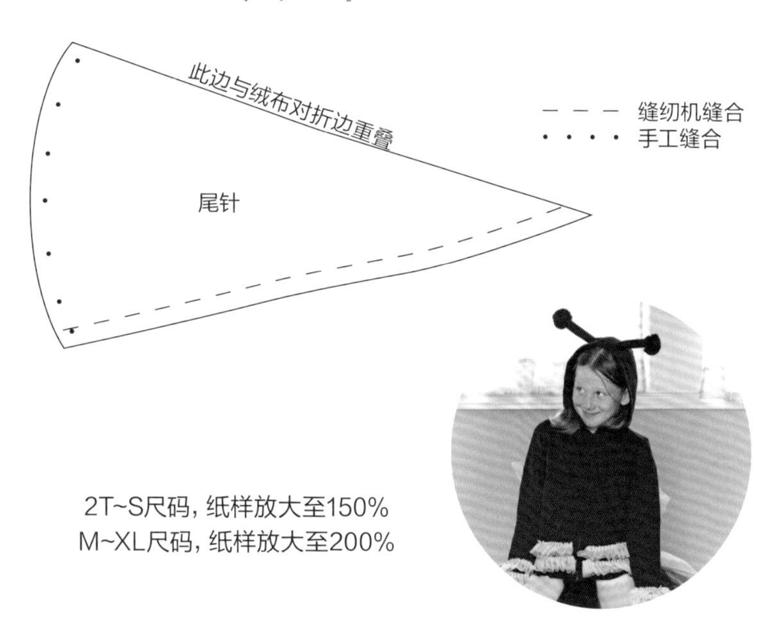

2T~S尺码，纸样放大至150%
M~XL尺码，纸样放大至200%

皇冠

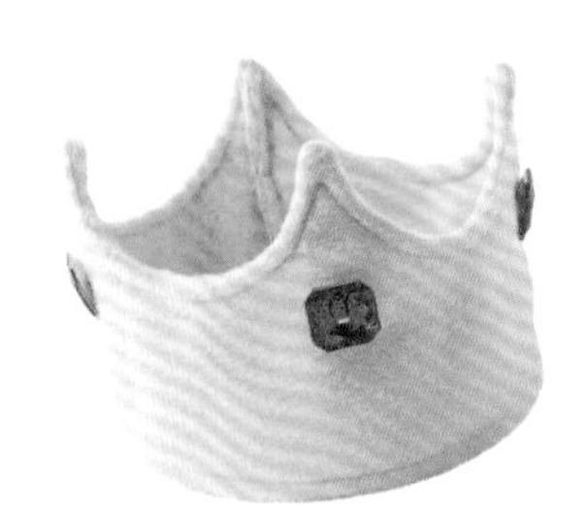

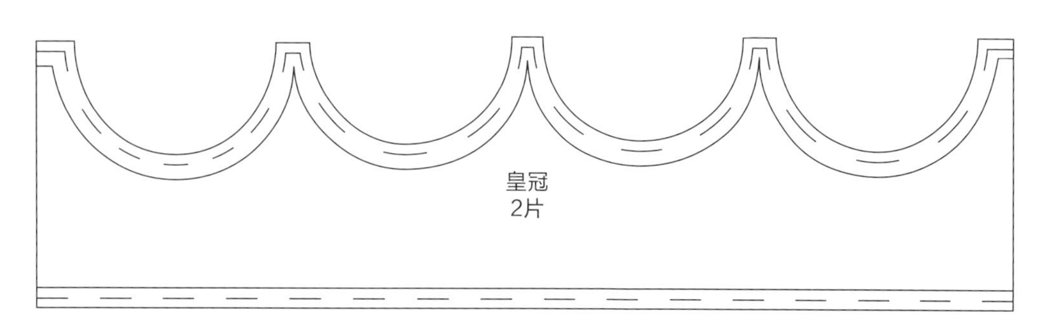

缝纫机缝合
正面缝纫机缝合

纸样放大至400%

恐龙

- — — 缝纫机缝合
- · · · · 手工缝合
- ——— 正面缝纫机缝合

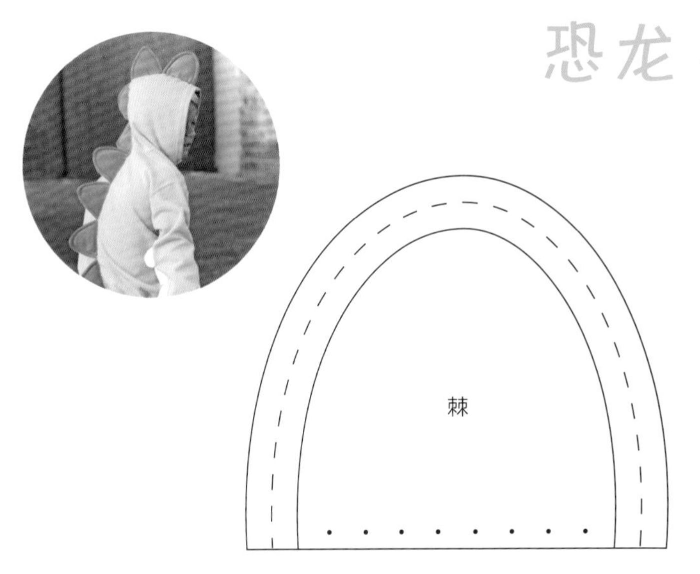

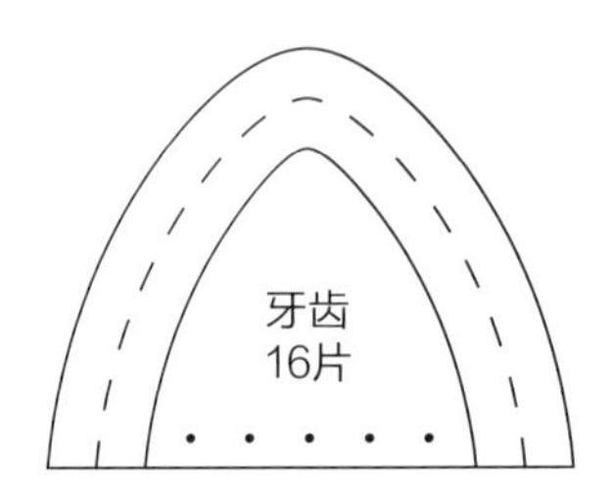

2T~S尺码，纸样放大至150%
M~XL尺码，纸样放大至200%

龙

- — — 缝纫机缝合
- · · · · 手工缝合
- ——— 正面缝纫机缝合

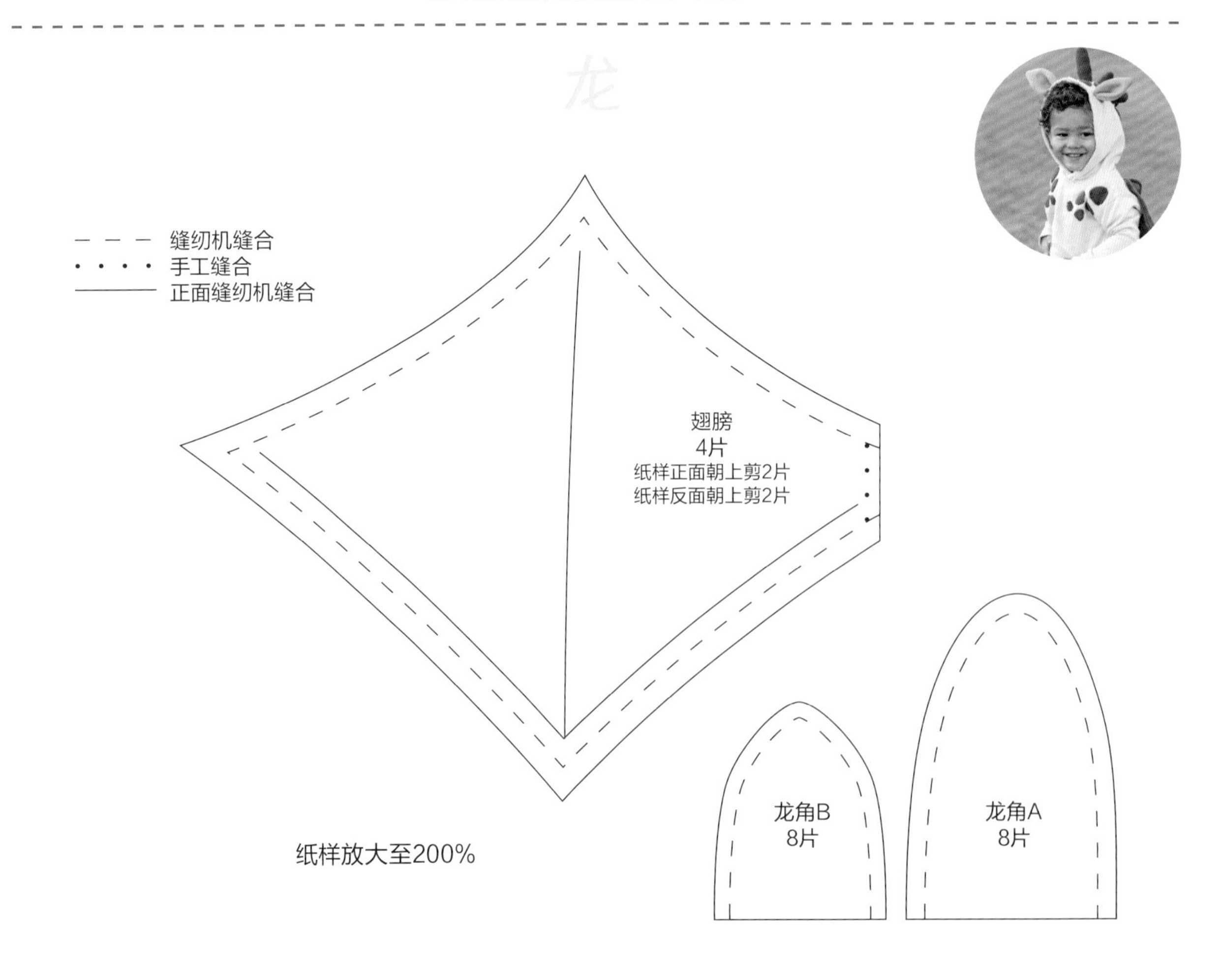

纸样放大至200%

龙（接上页）

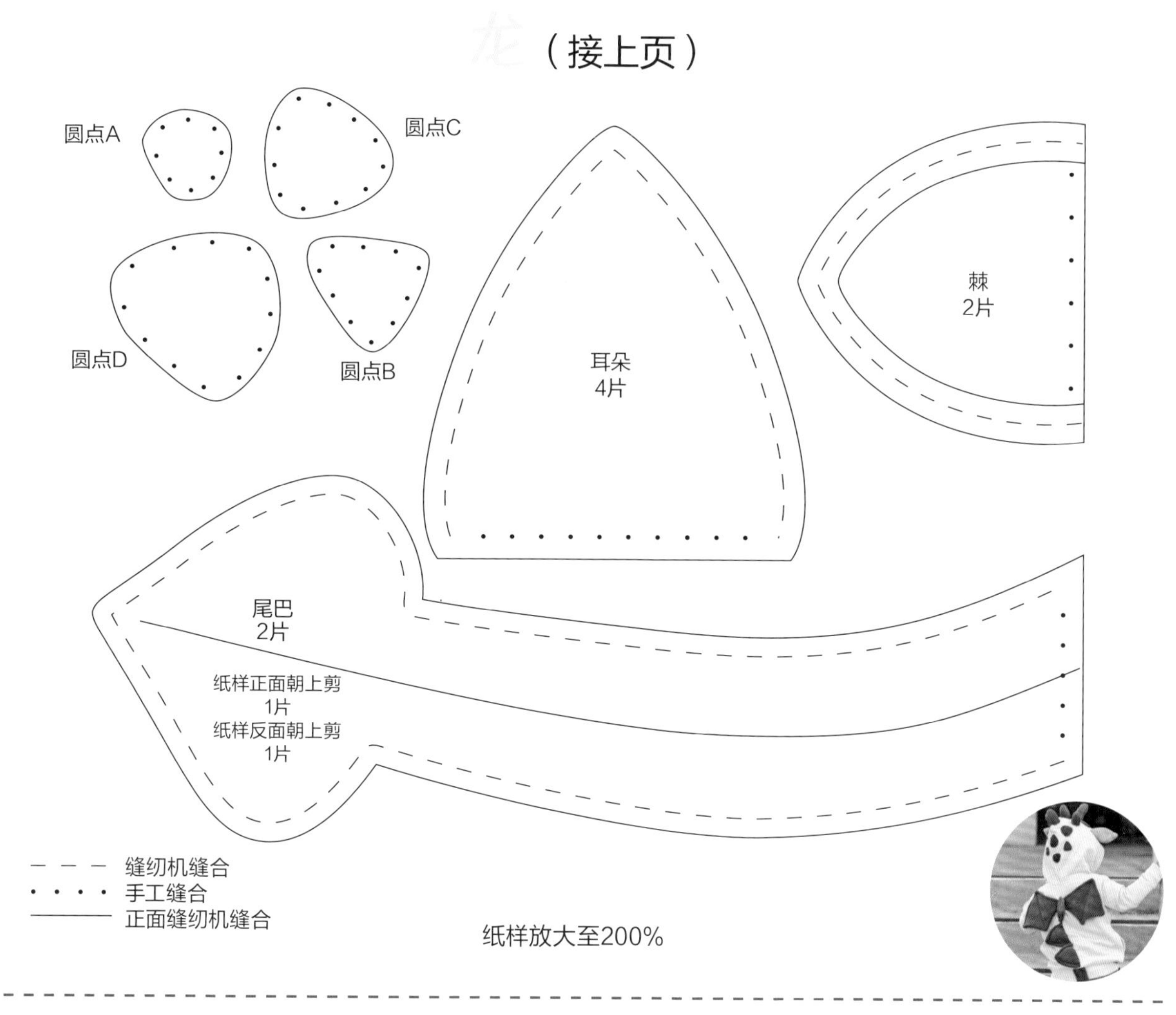

缝纫机缝合
手工缝合
正面缝纫机缝合

纸样放大至200%

小黄鸭

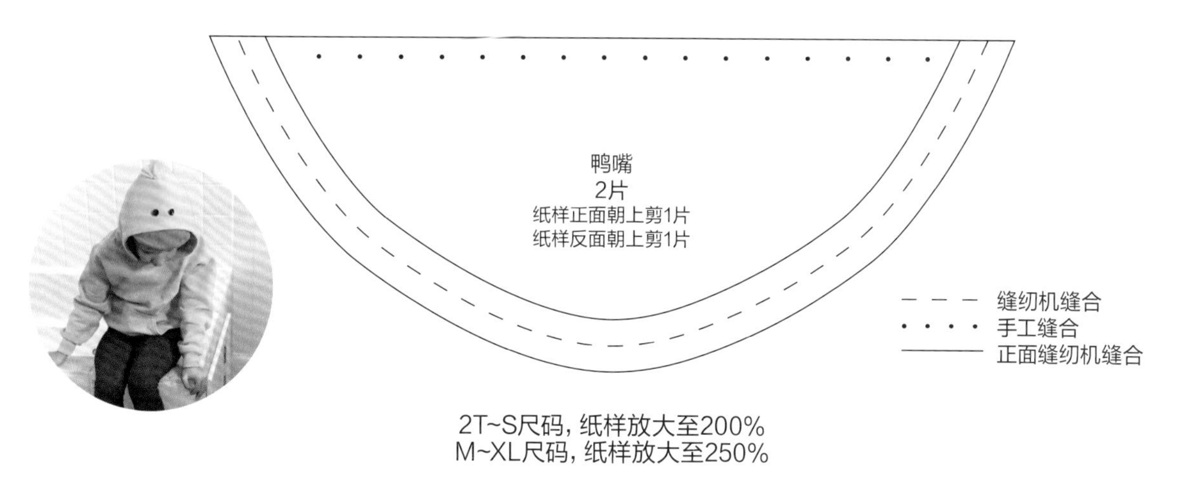

缝纫机缝合
手工缝合
正面缝纫机缝合

2T~S尺码，纸样放大至200%
M~XL尺码，纸样放大至250%

鸭蹼

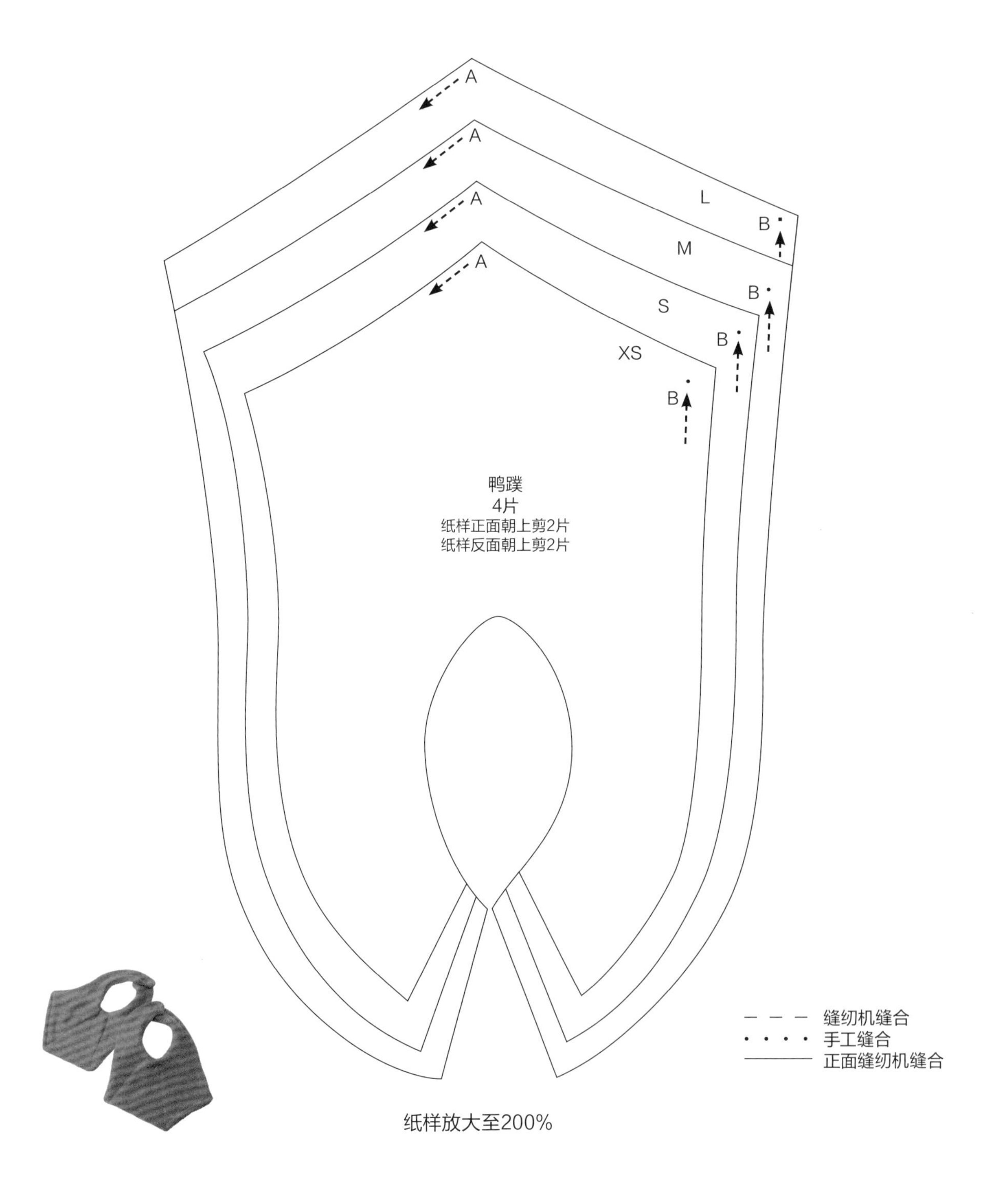

A
A
A
A
L
M
S
XS
B
B
B
B
鸭蹼
4片
纸样正面朝上剪2片
纸样反面朝上剪2片
缝纫机缝合
手工缝合
正面缝纫机缝合

纸样放大至200%

仙女

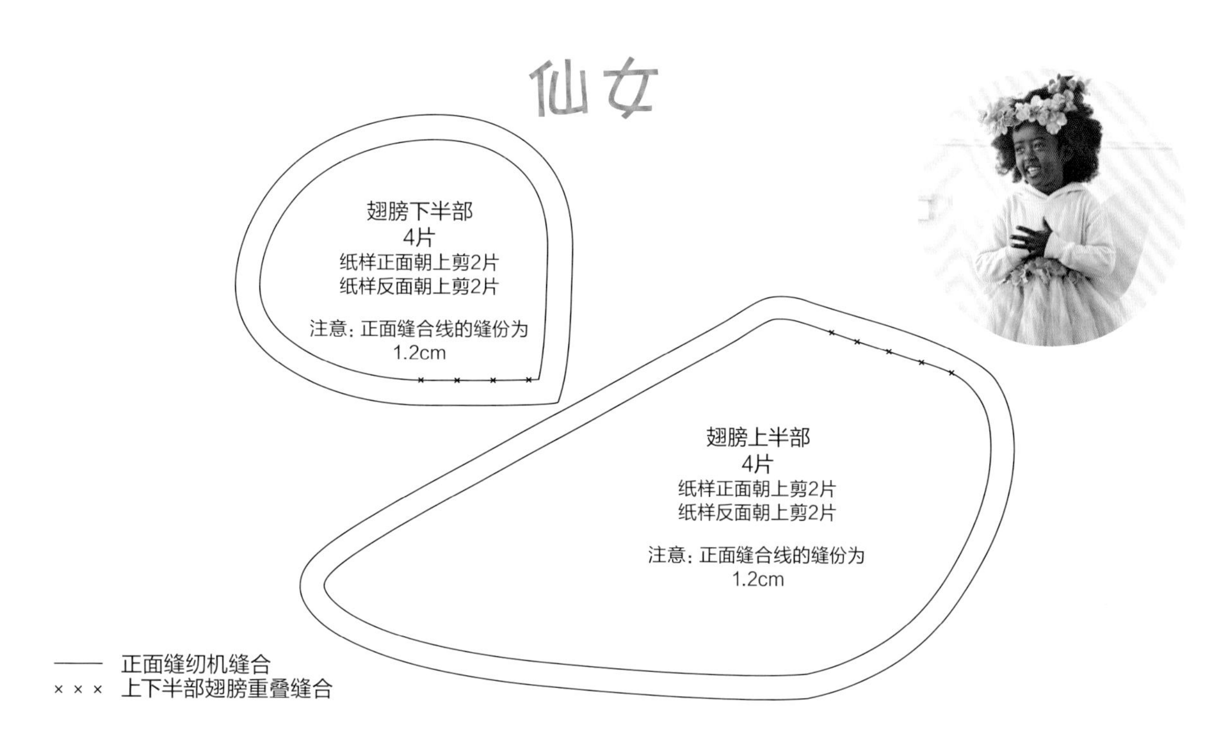

纸样放大至400%

狐狸

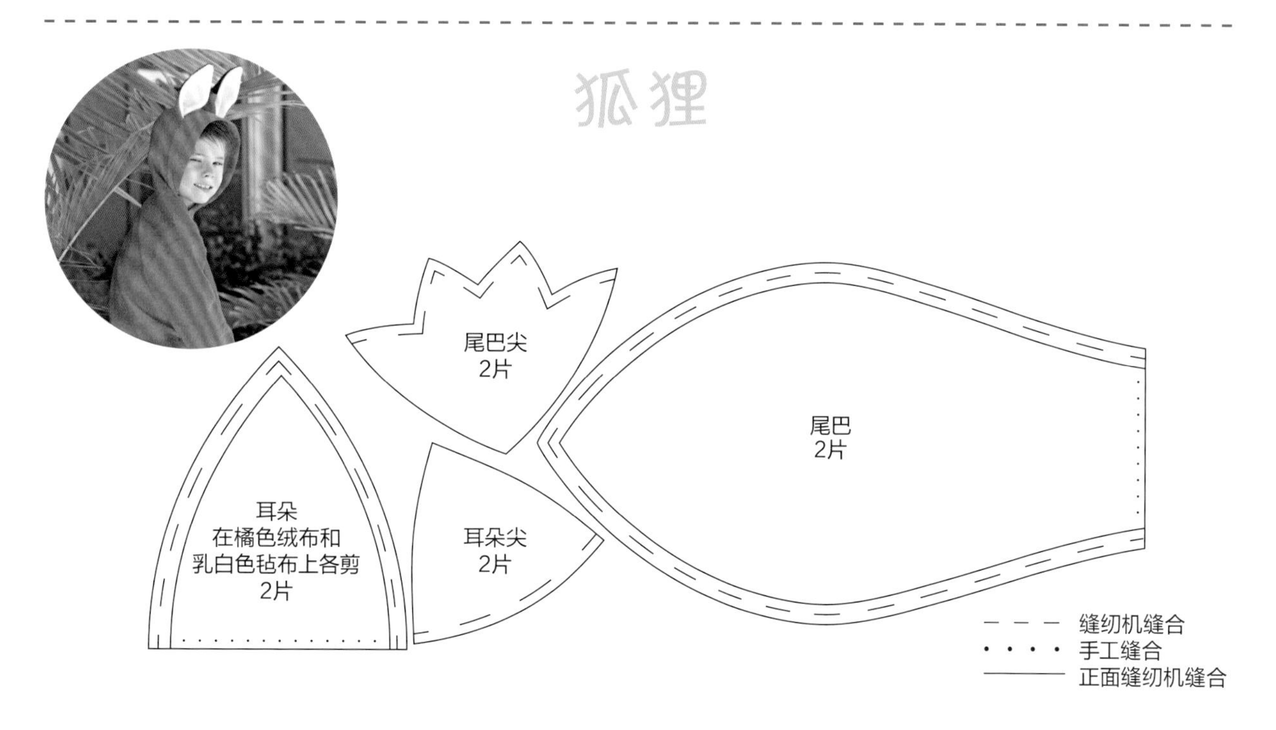

2T~S尺码，纸样放大至300%
M~XL尺码，纸样放大至400%

青蛙

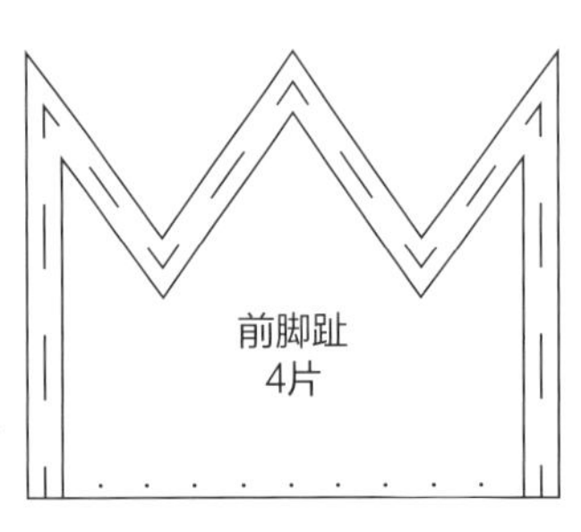

缝纫机缝合
正面缝纫机缝合
手工缝合

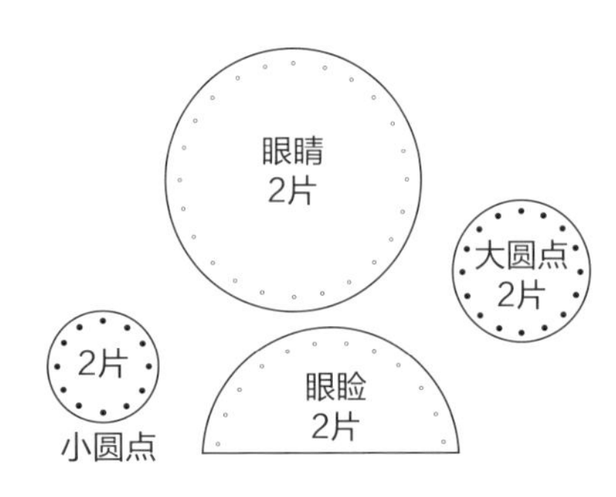

2T~S尺码, 前脚趾的纸样放大至300%
M~XL尺码, 前脚趾的纸样放大至400%
其余纸样均放大至400%

小矮人/巫师

毡布/绒布

衬布

帽子

2T~S尺码, 纸样放大至300%
M~XL尺码, 纸样放大至400%

缝纫机缝合

南瓜灯

眼睛　　选择1种形状 剪2片
纸样正面朝上剪1片
纸样反面朝上剪1片

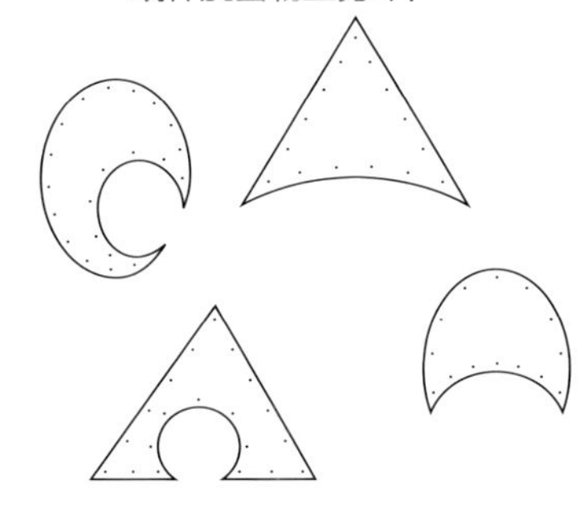

嘴巴
选择1种形状 剪1片

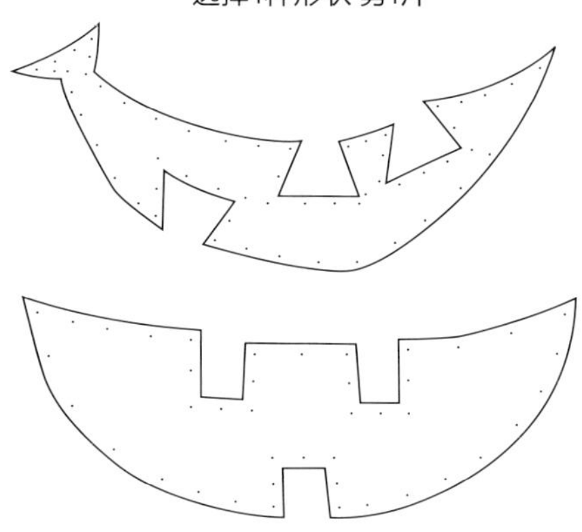

鼻子　　选择1种形状 剪1片

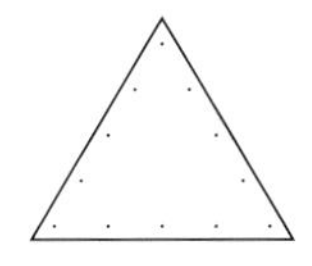

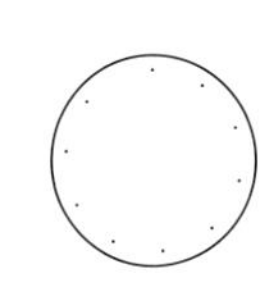

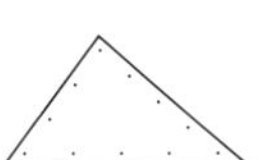

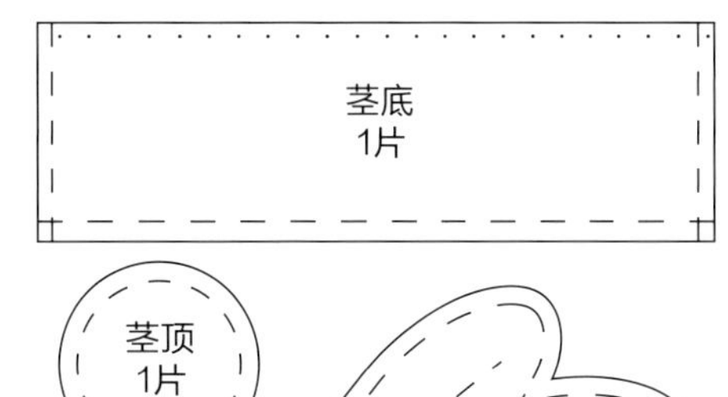

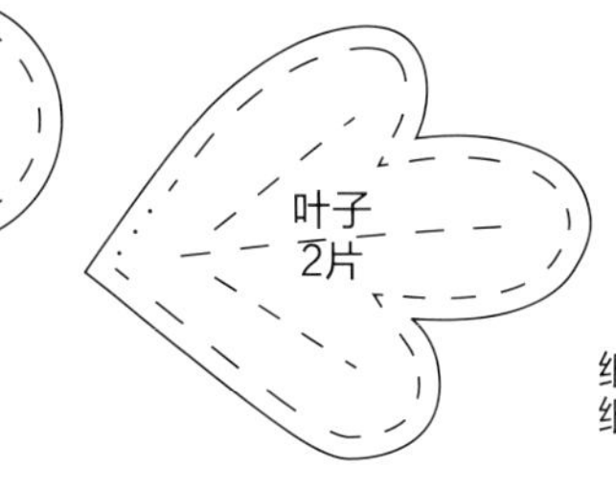

纸样正面朝上剪1片
纸样反面朝上剪1片

－ － －　缝纫机缝合
· · · ·　手工缝合
———　正面缝纫机缝合

2T~4T尺码，眼睛、鼻子、嘴巴的纸样放大至300%
S~XL尺码，眼睛、鼻子、嘴巴的纸样放大至400%
茎顶、茎底、叶子的纸样统一放大至400%

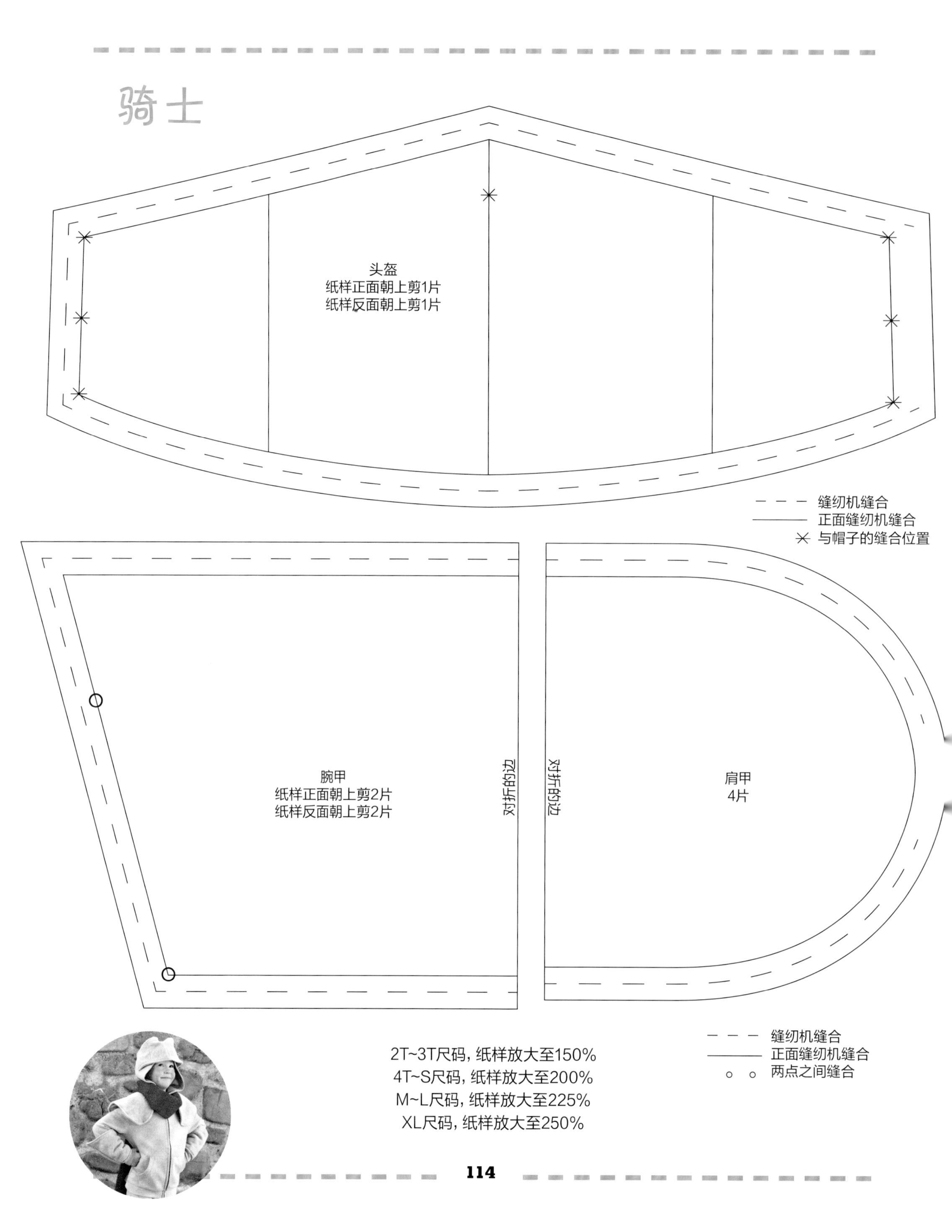
骑士
头盔
纸样正面朝上剪1片
纸样反面朝上剪1片
缝纫机缝合
正面缝纫机缝合
与帽子的缝合位置
腕甲
纸样正面朝上剪2片
纸样反面朝上剪2片
对折的边
对折的边
肩甲
4片
2T~3T尺码，纸样放大至150%
4T~S尺码，纸样放大至200%
M~L尺码，纸样放大至225%
XL尺码，纸样放大至250%
缝纫机缝合
正面缝纫机缝合
两点之间缝合

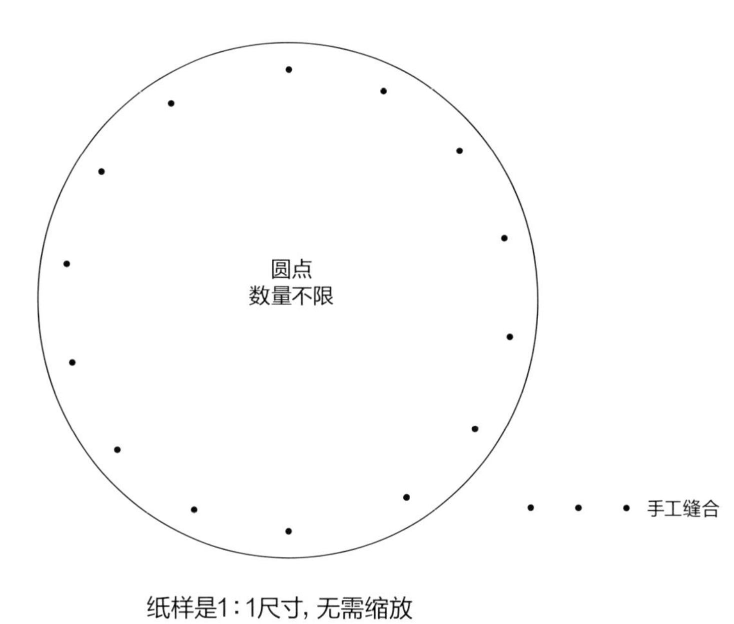

• • • 手工缝合

纸样是1：1尺寸，无需缩放

魔杖

怪兽

2T~S尺码，角的纸样缩小至95%
M~XL尺码，角的纸样放大至125%
其余纸样统一放大至125%

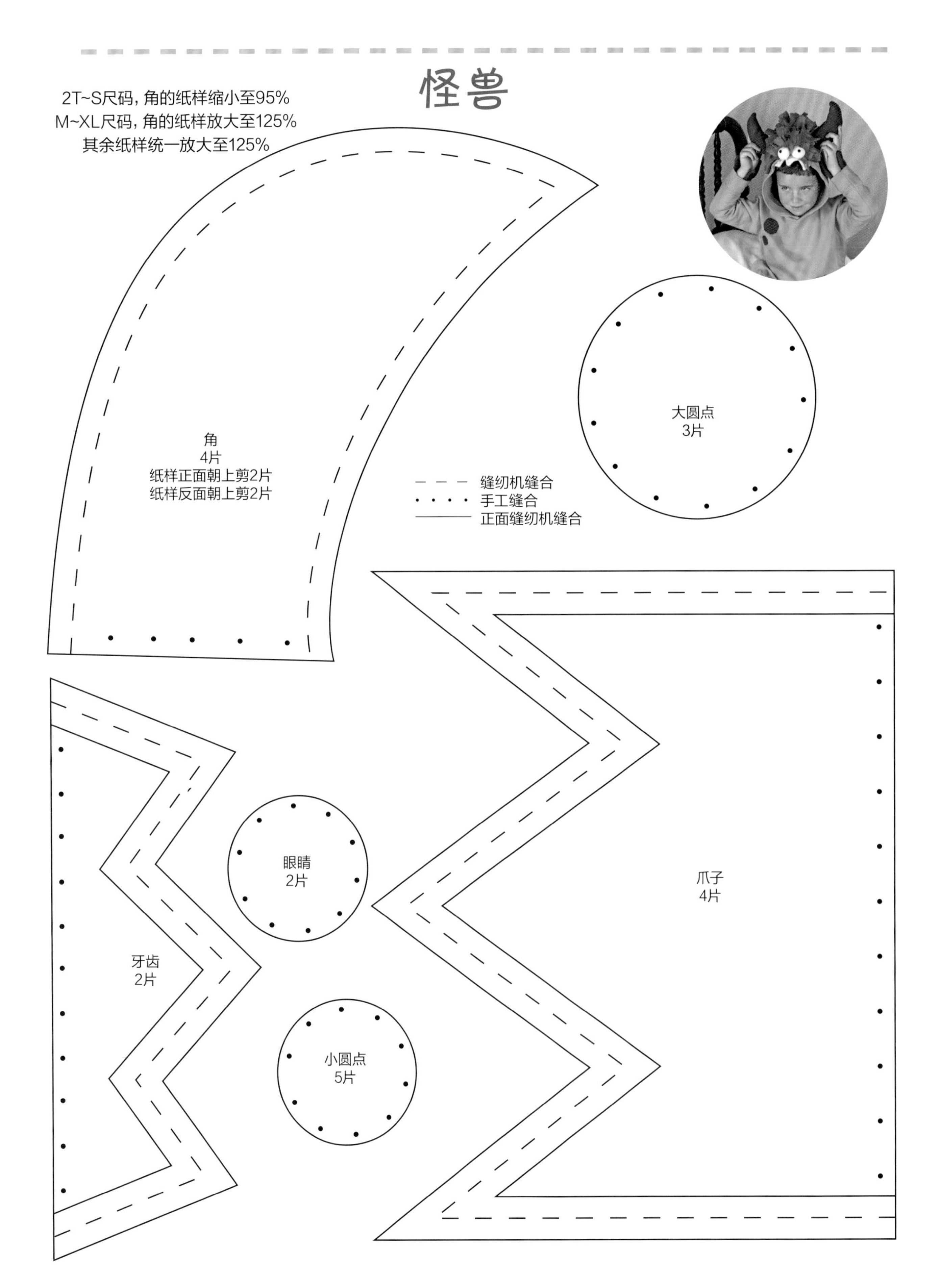

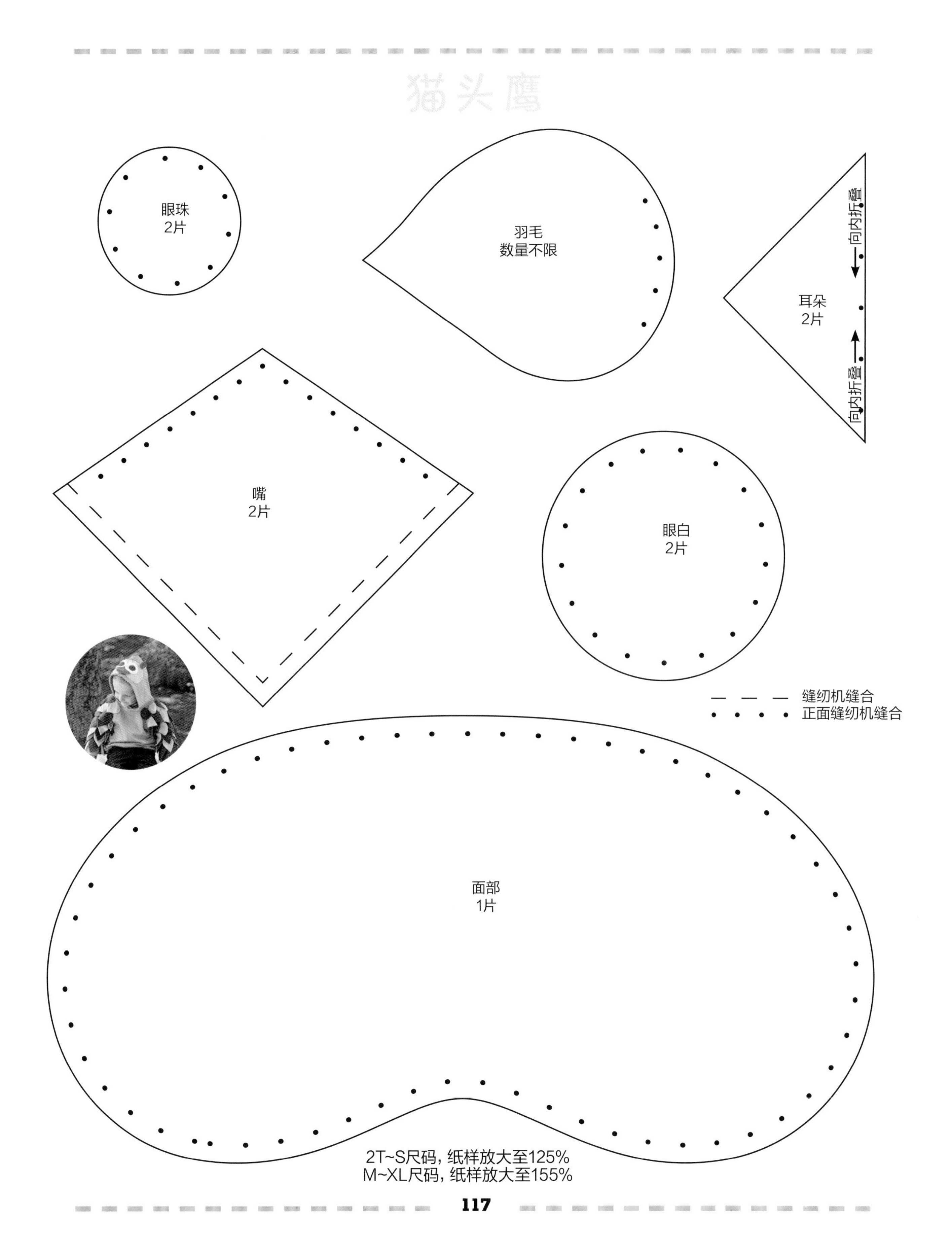
猫头鹰
眼珠
2片
羽毛
数量不限
耳朵
2片
向内折叠
向内折叠
嘴
2片
眼白
2片
缝纫机缝合
正面缝纫机缝合
面部
1片
2T~S尺码，纸样放大至125%
M~XL尺码，纸样放大至155%

王子

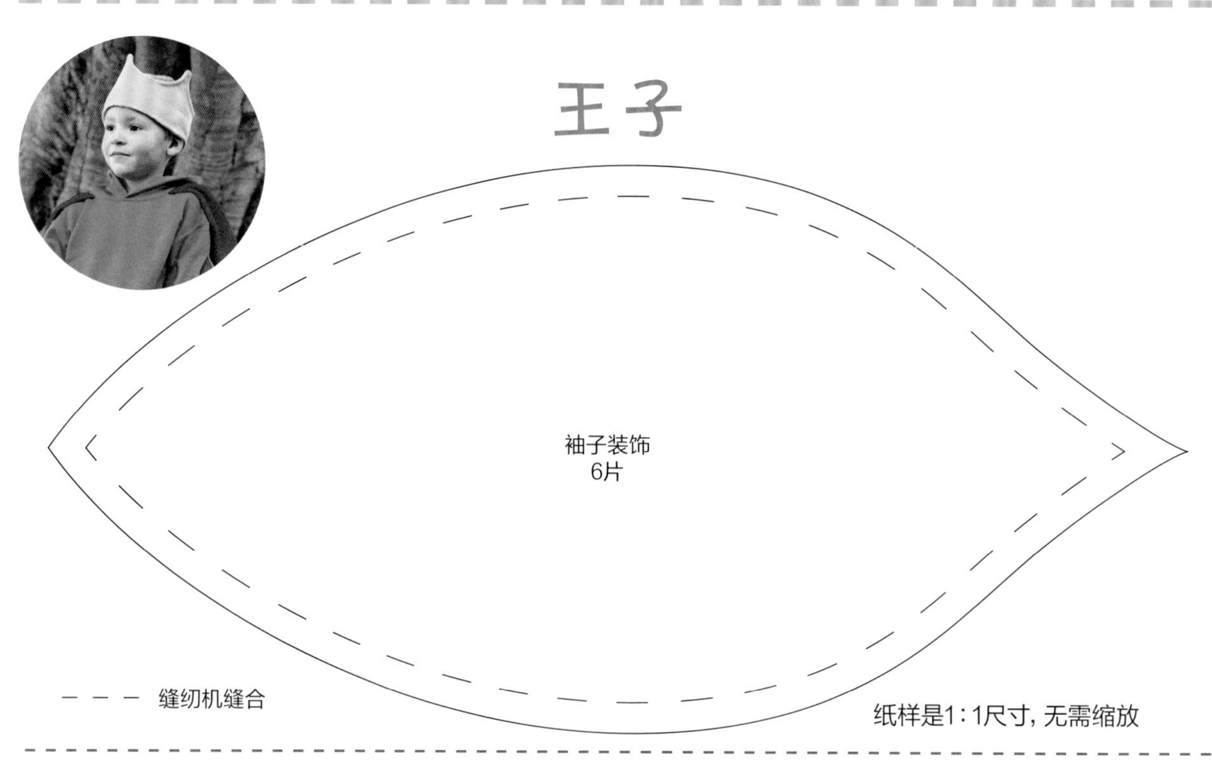

— — — 缝纫机缝合

纸样是1:1尺寸，无需缩放

小狗

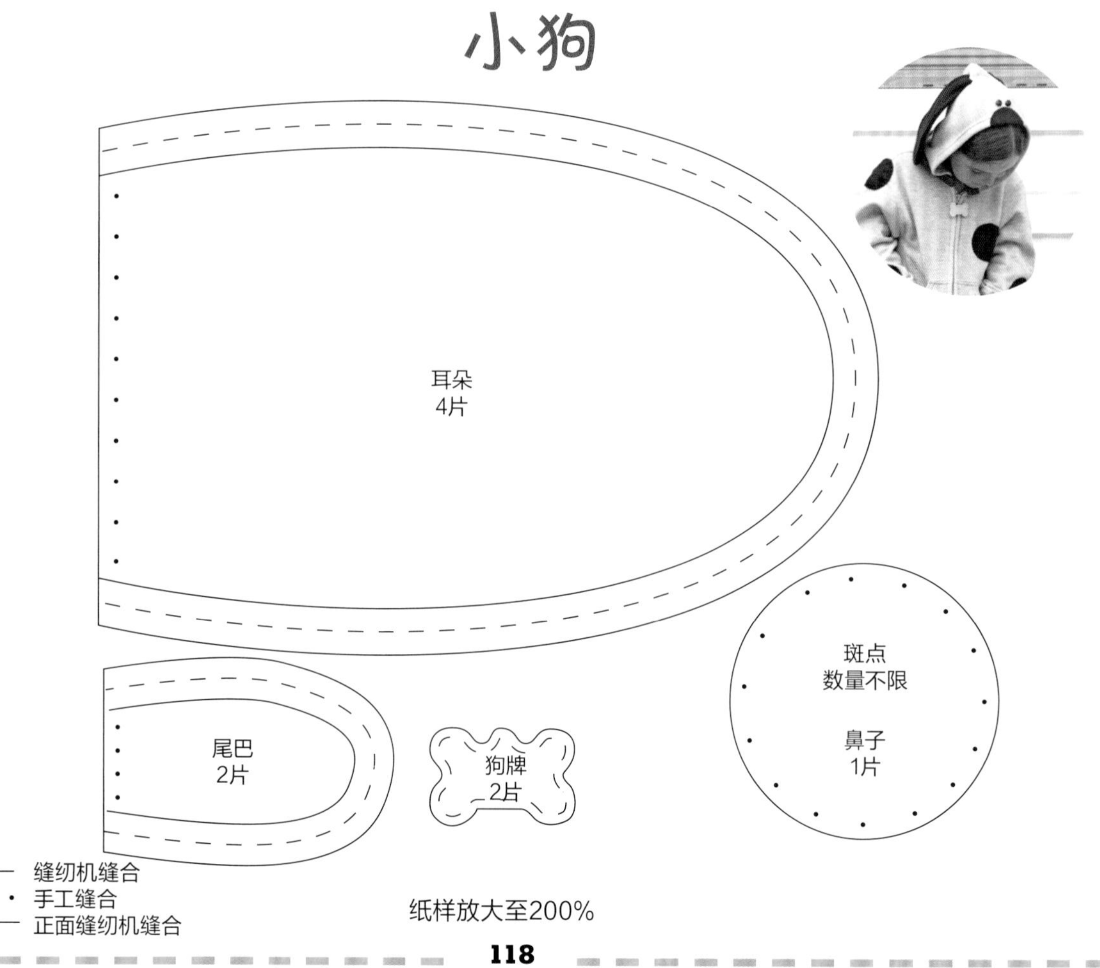

— — — 缝纫机缝合

• • • • 手工缝合

——— 正面缝纫机缝合

纸样放大至200%

萌兔

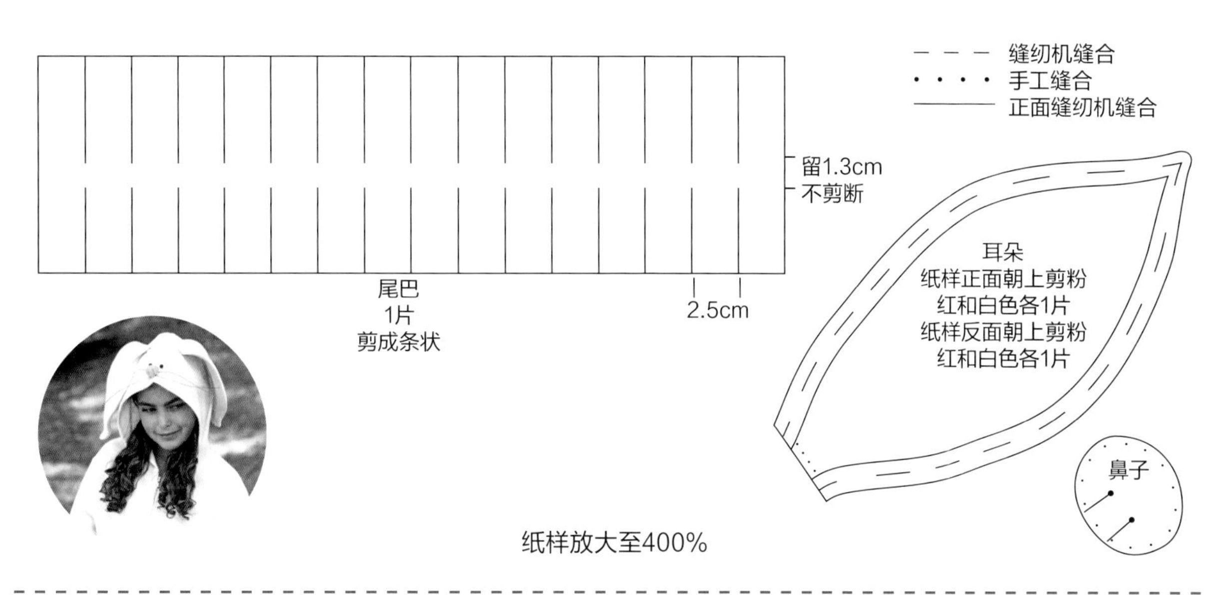

纸样放大至400%

鲨鱼

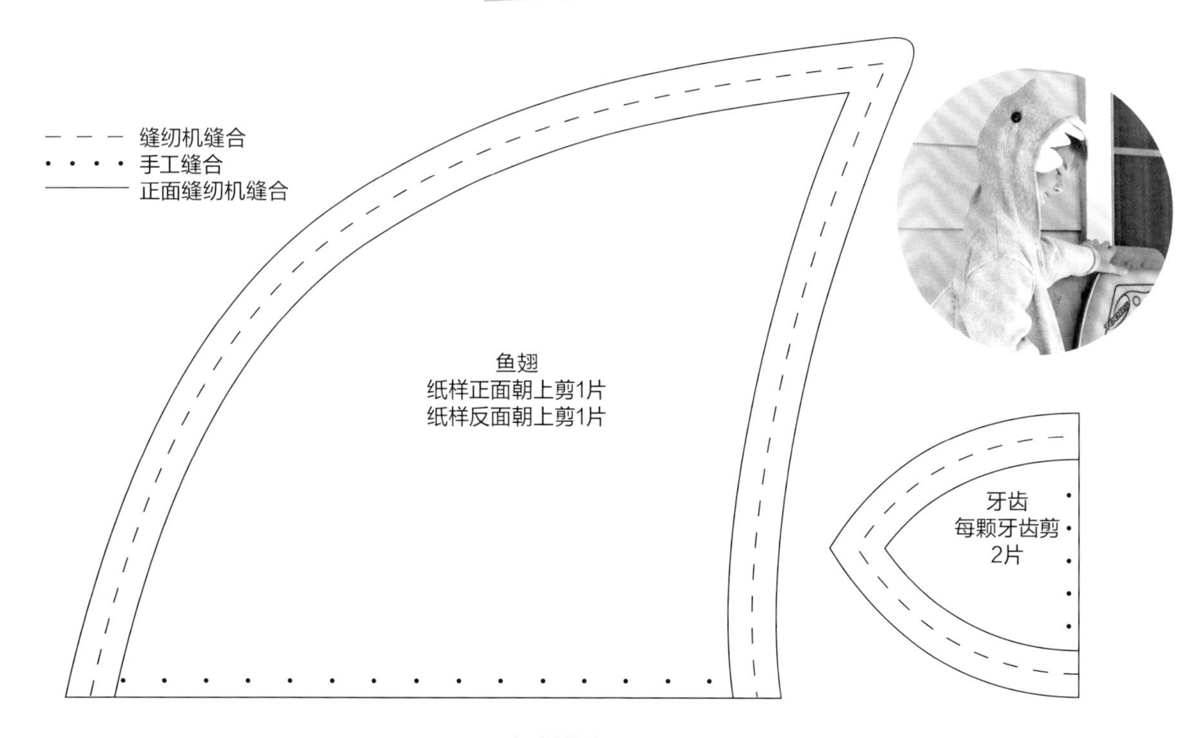

2T~4T尺码，纸样放大至150%
S~XL尺码，纸样放大至200%

超级英雄

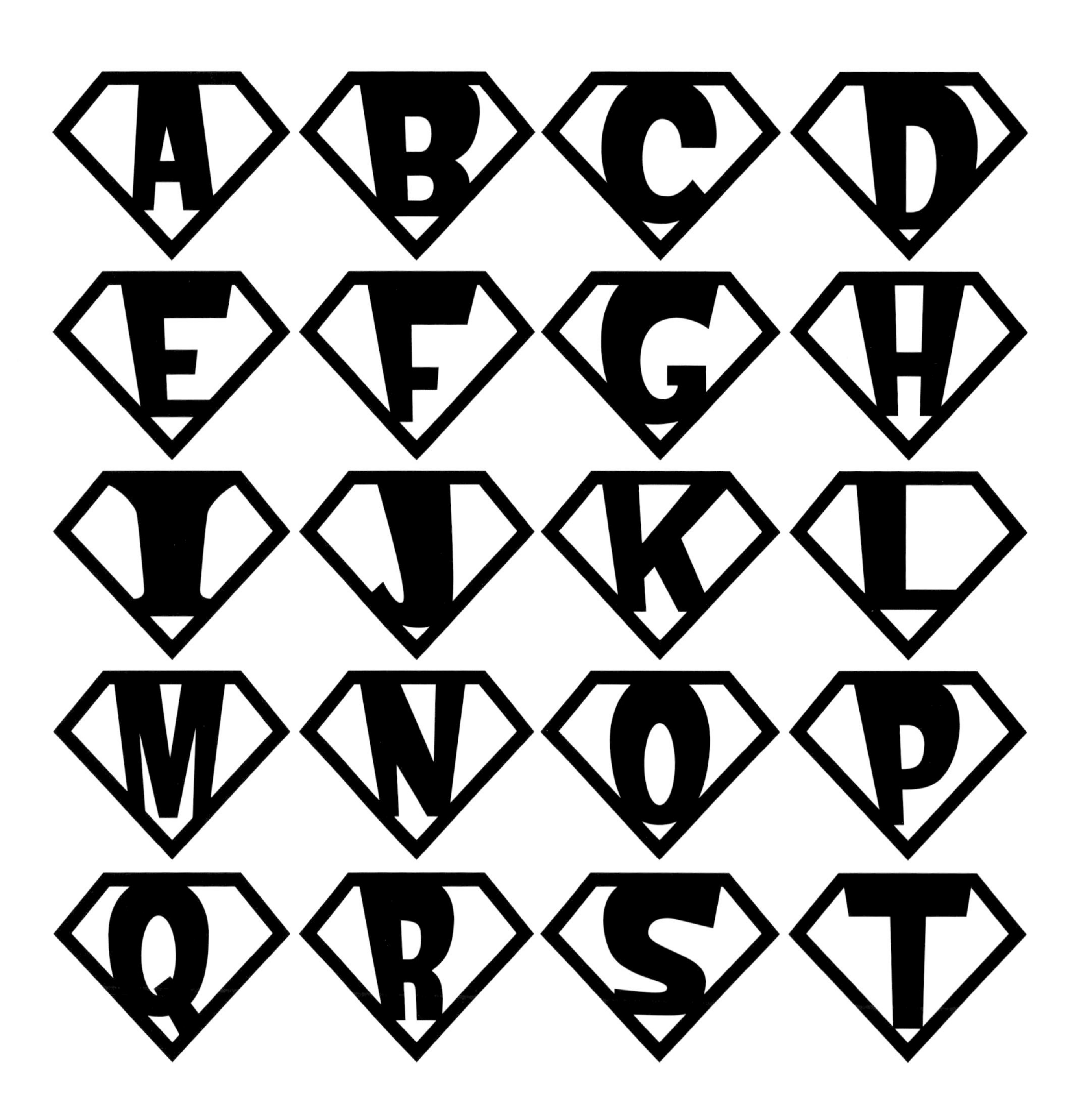

超级英雄（接上页）

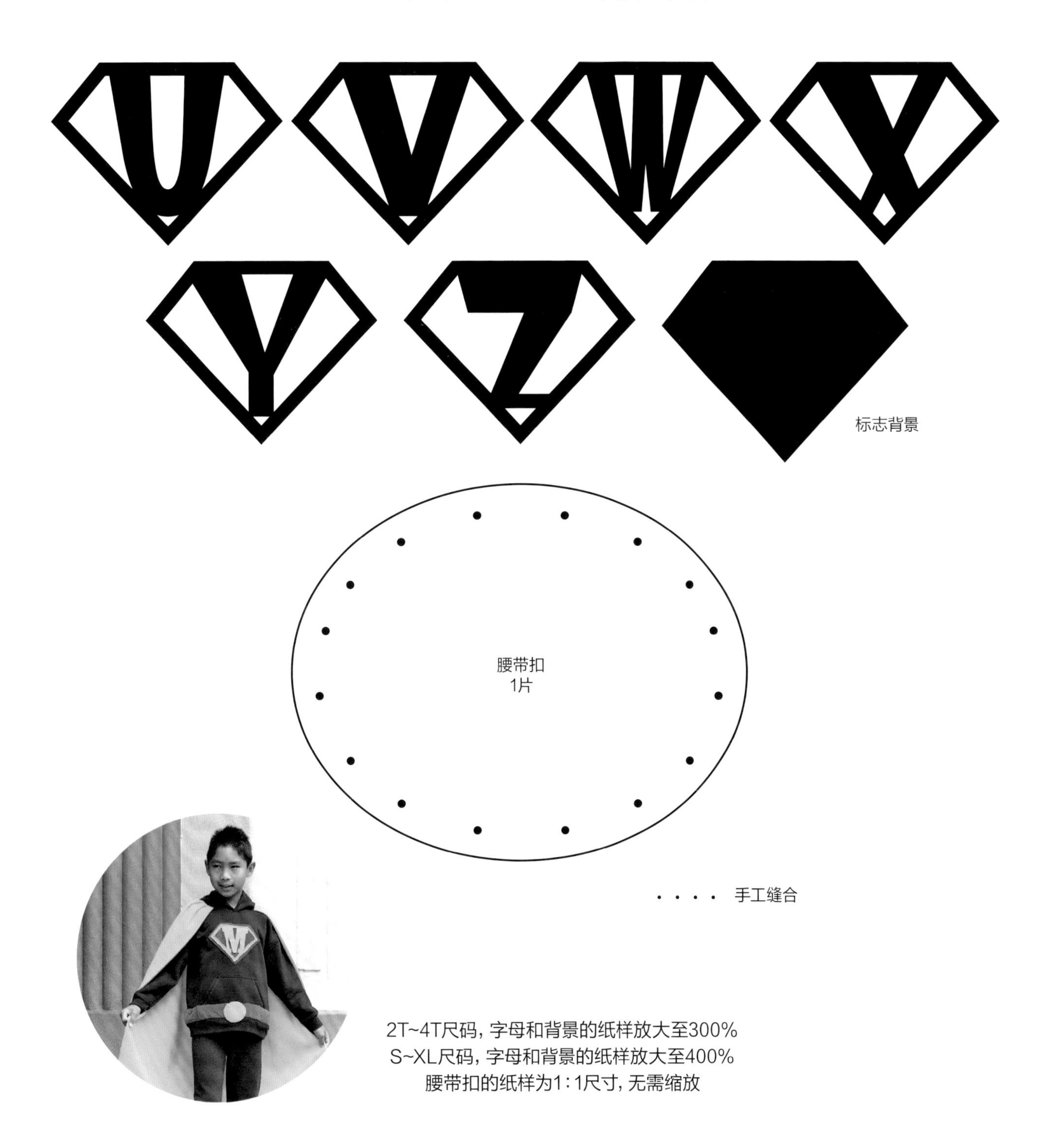

2T~4T尺码，字母和背景的纸样放大至300%
S~XL尺码，字母和背景的纸样放大至400%
腰带扣的纸样为1∶1尺寸，无需缩放

独角兽

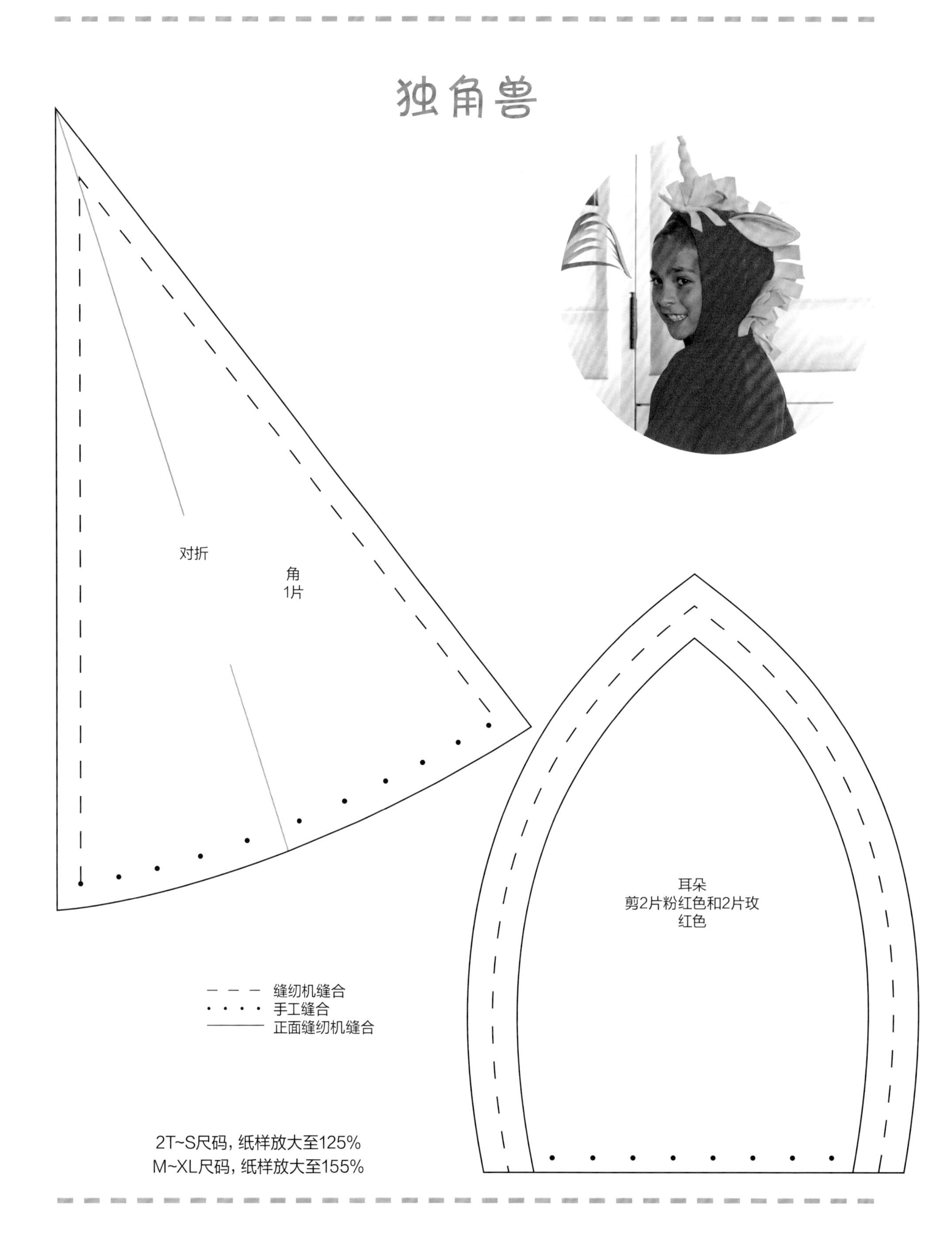

对折
角
1片
耳朵
剪2片粉红色和2片玫
红色
缝纫机缝合
手工缝合
正面缝纫机缝合
2T~S尺码，纸样放大至125%
M~XL尺码，纸样放大至155%

巫师

纸样放大至125%

精彩瞬间

我发誓这是我第一次也是最后一次吃甘蓝球了！

你看上去真是太……漂亮了！

什么？难道我脸上有东西吗？

我已经准备好来个大特写啦！

作者简介

玛丽·拉希定居在明尼苏达州北面的苏必利尔湖附近。她热爱缝纫、编织、绘画和摄影，并且总能从中发掘出源源不断的创意灵感。玛丽的日常工作包括教学、为《今日父母》（*Moms and Dads Today*）撰稿，以及用相机记录当地居民的生活（你可以在她的个人网站 maryrasch.com 上了解她的近况和作品）。玛丽是《我的朋友绒布帽》（*Fleece Hat Friends*）一书的作者，她的作品还在《快乐储物：毡布》（*Stash Happy: Felt*）等书上发表过。

工作虽然忙碌，玛丽却从来不会忽视自己的家庭。她有一位全心全意支持她的丈夫，还有一双漂亮的儿女，他们使她的生活中总是充满了欢声笑语。

致谢

要对我身边最亲近的人说声谢谢是一件不太容易的事。首先我要感谢我的丈夫特洛伊，他每次都是第一个分享我的灵感的人，感谢你的支持和鼓励，还要谢谢你在我们第一次共度圣诞节的时候送我缝纫机作为礼物。其次我要感谢我的宝贝们，迈克尔和娜塔丽，谢谢你们理解我的工作，谢谢你们每次都乖乖地充当我的模特儿，谢谢你们几乎每天都到手工商店帮我采买。我还要感谢的是我的父母和公婆，你们总是很贴心地在周末的时候把孩子接去游玩，让我可以腾出时间来工作。

感谢我的编辑香农·奎因-塔克，和你一起工作真是太棒了！是你让我的梦想成真，谢谢！还要感谢负责编辑监督工作的阿曼达·凯瑞斯迪欧。最后我要感谢所有为了《帽衫大变身》这本书付出辛勤劳动的人们，他们是：艺术指导卡萝尔·巴娜欧、摄影师辛西亚·雪佛、纸样绘制师欧林·龙格尔、技术编辑凯西·布洛克，以及负责文字校验工作的凯伦·莱维。

鸣谢

编辑：香农·奎因－塔克、阿曼达·凯瑞斯迪欧

艺术指导：卡萝尔·巴娜欧

摄影：辛西亚·雪佛

纸样绘制：欧林·龙格尔

技术编辑：凯西·布洛克

文字校验：凯伦·莱维

特别感谢本书中的小模特，他们是：亚历克斯·玛丽·艾伦、奥德丽娜·维多利亚·艾伦、柯贝·瑟克斯、艾比·柯斯特罗、卡勒姆·柯斯特罗、麦尔斯·柯斯特罗、蒂芙妮·乔·柯蒂斯、雅各布·尤西比奥、艾拉·福瑞、凯尔·亨斯利、阿丽维亚·帕西诺、鲁克·施莱辛格、杰西卡·斯波茨、弗林·斯戴、玛丽索·斯戴和迪克伦·沙立文。